# GASTON PINET

*(Causerie la Couverture)*

# Écrivains et Penseurs

## Polytechniciens

PARIS

PAUL OLLENDORFF, ÉDITEUR

28 *bis*, RUE DE RICHELIEU, 28 *bis*

1898

# Écrivains

## et Penseurs

### Polytechniciens

# GASTON PINET

# Écrivains et Penseurs Polytechniciens

PARIS

PAUL OLLENDORFF, ÉDITEUR

28 *bis*, RUE DE RICHELIEU, 28 *bis*

1898

# ÉCRIVAINS ET PENSEURS

## POLYTECHNICIENS

---

## PREMIÈRE PARTIE

### I

Il y a longtemps qu'on discute la question de l'utilité des mathématiques pour le développement général des facultés de l'esprit. Des penseurs les considèrent comme un exercice de raisonnement d'une importance bien supérieure à celle de la logique et voudraient les substituer dans l'éducation à toutes les autres branches de l'enseignement [1]. D'autres soutiennent qu'elles constituent une très médiocre gymnastique intellectuelle et qu'elles ne tendent à la cul-

---

[1] WHEWELL, *Pensées sur l'étude des mathématiques.*

1

ture générale que de la manière la plus incomplète et la plus précaire[1]. Pour les premiers, elles donnent seules la méthode de généralisation, c'est-à-dire le moyen rationnel de parvenir à la vérité ; pour les seconds, elles paralysent et faussent l'intelligence en l'habituant à conclure presque mécaniquement et les yeux fermés. Les écrivains et surtout les poètes les accusent d'étouffer l'imagination, de dessécher le cœur, d'atrophier tout sentiment d'art. Lamartine, associant dans son esprit le calcul et la force, le chiffre et le sabre, avait gardé, des souvenirs de sa jeunesse à l'époque du premier Empire, une horreur profonde pour « ces chaînes de la pensée humaine ». Victor Hugo affirme que :

> Loin de se dilater, tout esprit se contracte
> Dans les immensités de la science exacte !

On peut lire dans le *Traité de Philosophie* du P. Gratry, qui les a tirés de l'ouvrage d'Hamilton en les présentant sous une forme admirablement concise, les principaux arguments qu'ont opposés les philosophes à l'étude des mathématiques. « Pascal la juge bonne pour faire l'essai et non l'emploi de notre force ;

---

[1] HAMILTON, *Fragments de philosophie.*

selon d'Alembert, elle ne redresse que les esprits droits; selon Voltaire, elle laisse l'esprit où elle le trouve; d'après Gœthe, elle ne donne qu'une culture exclusive et restreinte ; Franklin en redoutait au plus haut degré l'influence; Fénelon en dénonçait les ensorcellements ; Sénèque la dit toute superficielle ; M^me de Staël, toute linéaire; Platon n'y trouve que le rêve, non la vue éveillée de l'être ; Kant convient qu'elle n'exerce que le plus bas degré de l'imagination ; Hamilton ne la trouve difficile que parce qu'elle est trop facile ; pour Descartes enfin elle rend ses adeptes moins dociles à la raison que les autres et nuit plus qu'elle ne sert à l'étude de la philosophie en nous désaccoutumant en quelque sorte de l'usage de notre raison. »

A l'appui de ces arguments, on a cru pouvoir citer l'exemple de l'École polytechnique. On a accusé son enseignement essentiellement abstrait de fausser le jugement, d'égarer les intelligences dans les chimères et les utopies. M^gr Dupanloup a déclaré à la tribune de l'Assemblée nationale que les polytechniciens, « livrés en proie aux mathématiques, étaient écrasés, desséchés, ruinés pour toujours[1] ». Pourtant il

[1] Discours prononcé à la séance du 19 mai 1872.

n'ignorait pas que beaucoup d'entre eux, poussant jusqu'au bout les conséquences de leur foi catholique, avaient été des lumières de l'Église ; parmi ceux-là, l'abbé Liautard, le fondateur du collège Stanislas ; le P. Pinaud, professeur de Saint-Sulpice, dont la vie et les instructions annonçaient le renoncement le plus absolu ; Paul de Foville, le doyen de l'Université de Montréal ; Gratry, prêtre de l'Oratoire, membre de l'Académie française ; l'abbé de Broglie, victime, il y a quelques mois, du plus stupide attentat. Et, toute sa vie, l'éminent évêque s'est souvenu des instructions familières, des paraboles, des homélies de l'abbé Teysserre [1], auxquelles il avait trouvé au séminaire « un charme de parole, une langue exquise, une lumière douce et vive sur l'enfance [2] ». La plupart des littérateurs dissimulent mal leurs préventions à l'égard des hommes ayant passé par le vestibule de la rue Descartes, commun aux carrières les plus diverses, qui manifestent le désir de s'aventurer sur leur terrain. L'un d'eux écrivait tout récemment qu'on ne doit pas s'attendre

---

[1] TEYSSERRE (Paul-Émile), né en 1785, entré à l'École polytechnique en 1801, sortit dans les Ponts et Chaussées et donna sa démission au bout de quelques années pour entrer dans les ordres. Il a été précepteur de Lamennais.

[2] DUPANLOUP, *l'Œuvre par excellence.*

à ce que l'esprit mathématique du polytechnicien puisse s'allier à un vif sentiment littéraire,
voire poétique, et de fait, ajoutait l'éminent
conférencier, « depuis les origines de l'École,
rares sont les écrivains et encore plus les poètes
ayant passé par elle [1] ». Nous verrons par la
suite ce qu'il faut penser de cette assertion.
Fût-elle exacte, qu'on ne saurait, il nous
semble, en faire un grief à l'institution. Celle-ci
ne mérite, en effet, pas plus que la Section des
sciences de l'École normale, les Écoles de médecine et de droit, le reproche de ne pas former
d'écrivains. Tel n'est point son but. Elle reçoit
des jeunes gens qui possèdent l'instruction littéraire commune à tous ceux qui suivent les
études classiques avant d'embrasser les carrières dites libérales ; encore, chez quelques-uns
d'entre eux, cette instruction est-elle restée
incomplète, arrêtée par les nécessités du concours. Elle les initie aux hautes abstractions
des sciences mathématiques et physiques et elle
s'efforce de les imprégner de l'esprit mathématique. La connaissance de la langue française et
des rudiments du latin, unie aux fortes études,
— c'est là un argument à signaler en passant

[1] LARROUMET, article de la *Vie contemporaine*, du 15 septembre 1895.

aux défenseurs de l'enseignement moderne des lycées et des collèges, — a paru de tout temps, aux membres des Conseils de l'École, préparer des esprits aussi distingués que l'étude du grec et la possession de quelques notions historiques sommaires et très générales [1]. L'art d'écrire, si tant est qu'on l'enseigne quelque part, ne s'y enseigne pas. Un cours de littérature et d'histoire, introduit d'ailleurs assez tard dans les programmes, n'est qu'une manière de prolongation des classes de rhétorique que beaucoup d'élèves n'ont pas suivies et en même temps un moyen d'empêcher ceux qui, avant d'avoir été admis, ont terminé leurs études littéraires, d'en perdre tous les fruits. Cependant, lorsqu'il s'en rencontre, doués de dispositions naturelles, pour ainsi dire égales vers les sciences et vers les lettres, il ne faudrait pas croire, c'est là un premier point qu'il importe d'établir, que le travail continu, absorbant de la préparation au concours, étouffe quelque chose de leurs heureuses dispositions. Beaucoup d'hommes de lettres d'un incontestable mérite ont été candidats à l'École polytechnique. Le vaudevilliste

[1] Voir particulièrement les rapports adressés au Ministre de l'Instruction publique par le Conseil de perfectionnement dans les années 1838, 1839 et 1842.

Charles de Biéville n'interrompit ses études spéciales que devant la nécessité d'accepter un emploi dans les bureaux du Ministère de la Guerre, où il commença d'aiguiser ses couplets. D'Artois de Bournonville, poète et auteur dramatique, collaborateur de Stapleaux, de Lambert Thiboust, de Coppée, ne les a abandonnées qu'à la suite de revers de fortune. Guépin, qui fut successivement médecin, professeur et publiciste, et qui s'est signalé par un art merveilleux d'exposer les doctrines, de les vulgariser, de les établir solidement sur les bases de la science en les rattachant à tous les événements historiques, a été rayé du concours [1], parce que son père avait été député aux Cent-Jours. Pierre Leroux, dont on admire la richesse et la variété du savoir philosophique, la puissance de dialectique, dont les traductions, les poèmes, les articles donnés à l'*Encyclopédie nouvelle*, et surtout le livre de l'*Humanité*, sont remarquables par un style limpide et plein d'élégance, a été obligé de démissionner après avoir subi victorieusement les épreuves, afin de pouvoir venir en aide à sa famille. Auguste Vacquerie, « le dernier des romantiques » dont les drames labo-

---

[1] Au Concours de l'année 1825.

rieux ne manquent ni de vigueur ni d'éclat, confesse qu'on l'a

Tordu depuis les ailes jusqu'au bec
Sur l'affreux chevalet des X et des Y.

De là vient sans doute, insinue Théophile Gautier, que « quand il se trompe, c'est avec une conscience imperturbable, un aplomb effrayant, une rigueur de déduction qui vous stupéfient ». Stendhal, à qui se rattache toute la lignée des romanciers réalistes, avait « bûché » les mathématiques dans sa jeunesse, pensant qu'elles lui fourniraient le prétexte ou l'occasion de quitter Grenoble, sa ville natale exécrée, et à Paris son parent Daru songea à le faire entrer à l'École polytechnique. De là peut-être la tournure de son esprit infiniment plus logicien qu'observateur ou psychologue. De là ce style d'une simplicité étudiée, d'une exactitude cherchée, d'une concision constamment poursuivie, « cet art extra-littéraire, art de joueur d'échecs ou de mathématicien, dit M. Édouard Rod, qui échappera toujours aux esprits disciplinés à la rhétorique [1] ». D'illustres maîtres aussi se sont préparés aux épreuves du concours. Victor

---

[1] *Stendhal*, par E. Rod. Paris, Hachette, 1892.

Hugo, épris dès son jeune âge de vers et de
mathématiques, y songeait tout en concourant
aux Jeux floraux. On le reconnaît à un certain
goût pour les formules, pour les dénombre-
ments, pour les raisonnements d'apparence
rigoureuse, pour les oppositions en forme
d'équations. Dans le remarquable livre qu'il a
consacré à étudier le génie de notre grand
poète, M. Renouvier observe qu'il possédait à
un degré extraordinaire la faculté de se représenter dans l'espace, avec exactitude, les faits
de figure, d'ordre, de position, et affirme que,
s'il eût poursuivi les études commencées, il
serait devenu un géomètre de premier rang ;
mais, ajoute le savant philosophe, « l'imagination non géométrique l'emporta dans l'âme du
jeune homme, et la destinée du polytechnicien
fut, chez lui, *écrasée dans l'œuf* par la passion
de la poésie [1] ». Edgar Quinet a été proclamé
admissible et a renoncé à concourir sur l'avis
d'un conseil de famille, au moment de passer
son deuxième examen. Le don poétique qu'il
avait reçu en naissant n'en fut en rien diminué ;
il est vrai que ce don était d'une richesse telle
que Lamartine disait de lui : « On nous pilerait

_______________

[1] Ch. RENOUVIER, *Victor Hugo, le poète.*

1*

tous dans un mortier que nous ne fournirions
pas la quantité de poésie qu'il y a dans cet
homme ! » Lui-même a raconté comment il
avait été saisi par la langue mystérieuse et
lumineuse de l'algèbre, par le genre de style,
élégant, bref, serré, qui lui est propre, ébloui,
confondu par les applications de l'algèbre à la
géométrie. Il a dit que les mathématiques lui
avaient donné le goût de la lumière et été
longtemps sa seule école de rhétorique. « Tant
que je comprenais, écrit-il, j'habitais, moi,
pauvre étincelle, au foyer de Dieu même ;
l'idée, la possibilité d'exprimer une ligne, une
courbe par des termes algébriques, par une
équation, me parut aussi belle que l'*Iliade*.
Quand je vis cette équation fonctionner et se
résoudre pour ainsi dire toute seule entre mes
mains et éclater en une infinité de vérités,
toutes également indubitables, également éternelles, également resplendissantes, je crus
avoir en ma possession le talisman qui m'ou-
vrirait les portes de tous les mystères [1]. » Paul-
Louis Courier serait entré dans l'artillerie en
passant par l'*École centrale des travaux publics*,
si elle avait été fondée deux années plus tôt.
Lui, « qui eût donné toutes les vérités d'Euclide

[1] Ed. QUINET, *Histoire de mes idées*.

pour une page d'Isocrate, » est resté depuis
l'âge de quinze ans entre les mains des mathématiciens Callet et Labey. Cela ne l'a pas empêché de se révéler, tout en remplissant ses fonctions d'officier avec plus de zèle et de capacité
qu'on n'a voulu le laisser entendre, comme
celui de nos écrivains qu'on se lasse le moins
d'admirer. Sully-Prudhomme, arrêté par la
maladie au milieu de ses examens, a éprouvé
une douloureuse déconvenue de n'avoir point
été admis. Ses œuvres portent l'empreinte si
marquée des sciences exactes qu'on a pu dire
que « les trois premiers livres de Legendre y
étaient mis en sonnets ». Toutes les découvertes
modernes, les théories les plus récentes s'y
trouvent condensées. Si l'habitude du raisonnement géométrique lui a suggéré un rythme
peut-être trop savant, si son vers perd parfois
de la souplesse, comme il semble à M. Gaston
Paris [1], à vouloir enfermer les hautes abstractions philosophiques, on n'en admire pas moins
les récits dont l'enivrement scientifique fait la
nouveauté et l'originalité. L'esprit d'observation, l'amour du vrai, ont donné à ses poésies
une mélancolie plus suave, une émotion plus
délicate, une tendresse plus exquise.

[1] Gaston PARIS, *Penseurs et Poètes.*

Il n'y a aucune incompatibilité entre les dons scientifiques et les qualités de culture classique. L'exemple des plus grands savants de tous les temps et de tous les pays, celui de nos plus illustres géomètres en particulier, prouve d'ailleurs que la profondeur des études abstraites n'empêche ni le coloris ni l'éclat du style. Soutenir que l'esprit géométrique, à force de vouloir tout comprendre, tout analyser, rend insensible aux fictions de la poésie et aux charmes des lettres, est injuste et maladroit, a fort judicieusement remarqué un membre de l'Académie française : « En effet, dit-il, l'esprit des sciences n'étant par sa nature que l'esprit d'examen et de doute, si l'on venait par malheur à prouver qu'il est essentiellement opposé au sentiment des beautés littéraires, il s'ensuivrait que ces beautés ne peuvent supporter un examen réfléchi, qu'elles n'ont aucun fonds réel et qu'elles ne peuvent être goûtées que par des gens ayant renoncé à l'usage de leur raison et de leur jugement [1]. » S'il est des mathématiciens ignorants des beautés de la littérature ou de l'histoire des systèmes philosophiques, on peut reprocher avec autant de raison à des littéra-

[1] Biot, *De l'influence des idées exactes dans les ouvrages de l'esprit.*

teurs l'absence de connaissances suffisantes des sciences exactes et des sciences naturelles qui formaient en quelque sorte le fonds du savoir des philosophes au siècle dernier. Bien des erreurs scientifiques se cachent sous les fleurs de la poésie. Arago, dans l'une de ses étincelantes biographies, s'est amusé à en relever quelques-unes : Boileau, par exemple, faisant tourner le soleil sur son axe, l'abbé Delille attribuant les vives couleurs des productions équatoriales à ce que le soleil les chauffe de plus près. « Le plus beau style, disait l'illustre astronome, faisant allusion à Lamartine, ne peut pas faire que la lumière des feux allumés par les pêcheurs napolitains la nuit, près des barques, se voie d'autant mieux qu'on la regarde de plus loin, ni que le lever de la lune précède toujours celui du soleil d'un même nombre d'heures, ni qu'une galerie soit sonore comme le vide, car tout lecteur sait que le bourdon de Notre-Dame lui-même, mis en branle dans une chambre privée d'air, ne produirait pas plus de bruit que n'en font les astres en parcourant leurs orbites dans les profondeurs du firmament. » C'est une théorie fausse, quoique vieille et rebattue, de prétendre que les études scientifiques exercent une influence desséchante ! Et précisément l'École polytechnique en fournit la preuve. Nombre de géomètres, de physiciens, d'ingénieurs, d'officiers qui en sont sortis ont su, après leur travail constant, soutenu pendant plusieurs années d'études, réserver sur le temps donné aux abstractions pures, aux travaux de métier ou aux affaires, des loisirs qu'ils ont consacrés avec amour à l'étude des lettres jusqu'à l'âge le plus avancé.

Héron de Villefosse s'est fait connaître, quelques années à peine après sa sortie de l'École, par un petit livre original, plein d'esprit [1], dans lequel les principaux événements de la Révolution française étaient racontés uniquement à l'aide de textes pris dans Tacite, Cicéron, Tite-Live, Quinte-Curce, Cornélius Nepos, Salluste, Quintilien, et qui montrait, sous un badinage élégant, par l'agencement des morceaux, par le piquant des rapprochements, combien l'humanité change peu. A soixante-treize ans, il faisait paraître une traduction de *la Vie heureuse et le Repos du sage*, de Sénèque.

De Tracy, le fils du célèbre idéologue, officier d'état-major, député, ministre, agronome

---

[1] *Essai sur la Révolution française*, par une société d'auteurs latins. Paris, chez Brigitte-Mathe, 1ᵉʳ vendémiaire an IX.

d'un vrai mérite, a publié des *Lettres sur l'agriculture* empreintes d'une philosophie toute pas-
torale où l'admiration des beautés de la nature
est traduite par des souvenirs de Jean-Jacques
Rousseau mêlés à des citations de Virgile et de
Lucrèce.

Malus possédait à fond les chefs-d'œuvre de
l'antiquité classique. Membre de la commission
des savants envoyés en Égypte avec le général
Bonaparte, il a laissé un journal [1], rédigé sans
aucun souci de publicité, qui donne l'idée la
plus nette, la plus vraie de l'expédition et qui
renferme plusieurs passages, ceux de la révolte
du Caire, de la peste de Jaffa, de la bataille
d'Héliopolis, d'un intérêt tout à fait dramatique.

Poisson, dont les succès littéraires à l'École
centrale de Fontainebleau avaient été éclatants,
était passionné pour le théâtre. Les quintidis et
les décadis, il se privait de dîner, rapporte
Arago, pour se procurer ce plaisir dispendieux.
Il savait par cœur Molière, Corneille et surtout
les tragédies de Racine. C'est lui qui fonda en
1801, avec Lacroix et d'autres amis des « saines
études », l'École des sciences et belles-lettres
dont Thurot fut le directeur. Sensible à toutes

---

[1] *L'Agenda de Malus*, publié par le général THOUMAS. Paris,
Honoré Champion, 1892.

les grandes impressions artistiques, il s'était lié avec Gérard, Ducis, Talma, et il a été l'un des ornements des salons où brillaient Cabanis, de Tracy, tous les idéologues.

Poncelet, qui annonça de bonne heure une irrésistible soif d'apprendre et qui, encore enfant, passait des journées entières à déclamer dans les bois des tirades de Corneille et de Molière, s'attirait les ovations de ses camarades de salle auxquels il lisait ses compositions poétiques.

Cauchy, partant pour Cherbourg avec son brevet d'ingénieur des Ponts et Chaussées, eut soin, nous dit son biographe, de mettre au fond de sa malle, à côté de la *Mécanique céleste* de Laplace et du *Traité des fonctions analytiques* de Lagrange, un *Virgile* et l'*Imitation*, « pour bien prouver qu'il voulait rester chrétien et fidèle au culte des lettres ». Ses premiers essais littéraires, les lettres à sa mère et les épîtres dépeignant à son frère, en vers latins, l'émotion qu'il avait éprouvée au spectacle de l'Océan, datent de cette époque. Le célèbre géomètre avait achevé ses études à treize ans et, à quinze ans, il avait remporté le premier prix d'*humanités* institué par l'Empereur. Doué d'une aptitude naturelle pour les langues, il professa en italien à Turin pendant son exil volontaire et, à l'âge de trente-trois ans, il apprit l'hébreu. Très versé dans les lettres chrétiennes, il pouvait citer de longs passages des Pères de l'Église dans leur langue originelle. Aux réunions de l'Institut catholique qu'il avait contribué à fonder, il se plaisait à lire de longues pièces de vers ; l'une d'elles, sorte de leçon d'astronomie, expliquait dans tous les rythmes [1]

[1] Voici quelques passages de cette leçon intitulée : *Épître d'un mathématicien à un poète.*

> . . . . . . . . . . .
> Au jour qu'avait fixé la d'vine sagesse,
> Le néant fécondé répondit à sa voix
> Et les cieux avec allégresse
> Parurent pour subir ses lois.
> Vois-tu dans les airs semée
> Des astres la brillante armée
> Accourir pour lui plaire et, présente à l'appel,
> Se ranger en bataille aux pieds de l'Éternel.
> Ici notre soleil a reconnu sa place,
> Un océan de flammes inonde sa surface
> Et de ses rayons d'or les fécondes clartés
> Portent au loin la vie aux mondes habités !
> . . . . . . . . . . .

Il y décrit les phases de la lune et dit :

> Comment aux yeux ravis des habitants du globe
> Elle se montre ou se dérobe,
> Croît, s'arrondit, décroît et disparaît enfin...

Le phénomène des marées qui

> Sur le soleil et la lune attirés
> Deux fois s'élèvent chaque jour
> Et deux fois dans leur lit rentrent obéissantes.

L'épître se termine par cette strophe :

> Mais à des spectacles pareils
> Mon esprit se confond. Je me tais et j'adore
> Celui dont le nom glorieux
> Se lit en traits si doux sur les feux de l'aurore
> Et sur le pavillon des cieux.

les phases de la lune, la précession des équinoxes, la rotation des étoiles multiples, la révolution des comètes « à la longue chevelure », toutes les lois des mouvements planétaires. Il est vrai de dire que ni ses poésies, ni ses écrits de polémique n'ont ajouté à sa gloire et qu'ils ne justifient pas son panégyriste d'avoir tenté un parallèle entre lui et Pascal « sous le triple point de vue littéraire, scientifique et philosophique[1] ».

Letexier et Lecamus, tous deux ingénieurs des Ponts et Chaussées, se sont risqués, quoiqu'en tremblant, à traduire, comme de graves magistrats, Horace en vers latins[2].

Bary, le créateur de l'enseignement de la physique et de la chimie, avait appris la plupart des langues modernes, l'anglais, l'allemand, l'italien, l'espagnol, le portugais, le hollandais, et savait admirablement le grec et surtout le latin, sa langue de prédilection, dans laquelle il fit des vers jusqu'à sa mort. Quand il quittait les classiques, c'était pour se plonger dans la lecture de *la Nouvelle Héloïse*, de *Paul et Vir-*

---

[1] VALSON, *Notice sur la vie et les travaux de Cauchy*. Paris, 1886.

[2] LETEXIER, *Odes d'Horace traduites en vers*, dédié au comte Molé. 1 vol. in-12, Paris, Verdière, 1818.

*ginie*, de *René*, d'*Atala* et de tous les romans du commencement du siècle. Il nous a laissé ses *Cahiers de rhétoricien*, que sa fille a publiés en les faisant précéder d'une dédicace touchante[1], petit livre charmant où le récit de sa vie d'écolier est mêlé à des jugements pleins d'intérêt sur les événements de son temps. Francisque Sarcey, l'ayant admiré maintes fois occupé à lire quelque livre grec ou enfoncé dans ses études de philologie pure, « portant encore à soixante ans le plus grand effort de son esprit sur d'autres études que celles de son métier », nous le montre, dans une préface pleine de bonhomie, comme l'un des types les plus accomplis de cette génération de 1830, si ardemment passionnée pour l'art, la science, la liberté et le progrès.

Le physicien Dulong, fidèle habitué de la Comédie-Française, écrivain distingué, collaborait, assure-t-on, aux pièces de son ami Picard, le spirituel auteur de la *Petite Ville*.

Sadi-Carnot a découvert le principe de la conservation de l'énergie tout en étudiant les écrivains du xvii⁰ siècle, surtout Pascal et Molière, et en rédigeant un journal de ses

---

[1] *Les Cahiers d'un rhétoricien de* 1815. Paris, Hachette, 1890.

pensées sur la science, la politique et l'économie politique.

L'astronome Babinet a rempli ses *Causeries* d'observations curieuses relevées dans les classiques anciens à la lumière des sciences modernes.

Le baron de Boucheporn [1], dont l'esprit était incessamment occupé à chercher la vérité, se reposait en s'occupant de peinture et de musique et se retrempait par les études littéraires ; il relisait souvent Virgile la plume à la main, et il commentait Saint-Simon.

L'examinateur Wantzell [2], doué d'une extrême vivacité d'impressions et d'aptitudes véritablement universelles, qui remporta le prix de dissertation française et de dissertation latine au Concours général, et fut reçu l'année suivante le premier à l'École polytechnique, double succès inconnu avant lui, étudia avec acharnement les philosophes allemands et écossais et se lança à la fois dans les mathématiques, la philosophie, l'histoire, la musique, la controverse, avec une égale supériorité d'esprit.

[1] DE BOUCHEPORN, ingénieur des Mines, de la promotion 1830, auteur d'un *Essai de Philosophie naturelle*. Voir page 237.

[2] WANTZELL (Pierre-Laurent), né en 1814, admis à l'École en 1832, mort en 1848.

L'ingénieur Cezanne, dirigeant des travaux de chemin de fer dans un pays insalubre, au milieu d'ouvriers de toutes les races, évoquait la patrie absente à l'imagination de ses compatriotes réunis le soir autour de lui, en leur faisant à haute voix la lecture d'une tirade de Racine ou de quelque nouveauté littéraire. « Ce beau et brillant jeune homme, entouré de respect, » raconte le romancier Paul Féval qui le rencontra au cours d'un de ses voyages en Hongrie, « semblait un roi entouré d'un peuple de travailleurs. »

L'officier de marine Julien[1], à qui l'on doit de savantes considérations sur l'art dans l'antiquité et dans l'Extrême-Orient, a écrit les *Harmonies de la mer*, et consigné dans deux ouvrages, *Athènes et Corinthe, Souvenir d'Orient*, les impressions qu'il avait éprouvées en visitant les vieilles cités de l'Hellade et « les champs où fut Troie ». Plus tard, il a insensiblement dépeint, dans *l'Amiral Courbet d'après ses lettres*, les luttes et les déboires de l'illustre marin.

Doudart de Lagrée, le savant officier de marine, le créateur de l'archéologie du Tonkin, a suivi les fouilles d'Égine et des Propylées et

[1] JULIEN (Félix), né en 1824, officier de Marine, de la promotion 1842.

parcouru la Grèce entière, son Homère à la main.

L'exemple de ces écrivains qui ont commencé par étudier les mathématiques, de ces mathématiciens qui ont gardé le culte des lettres, prouve assez que les facultés de l'esprit ne s'excluent pas. Et, n'en déplaise à M. Larroumet, la liste est longue des polytechniciens dont les œuvres touchent plus ou moins, et par quelque côté, à l'art littéraire. Les uns, passionnés pour les recherches scientifiques, ont raconté la vie et les travaux des inventeurs ; ils ont vulgarisé et répandu dans un noble langage les vérités découvertes. Les autres se sont appliqués à poursuivre, à l'aide des données fournies par les textes, par les monuments, par la statistique, la solution des problèmes qui peuvent se rattacher à la science. Ceux-ci, avec leur habitude des conceptions mathématiques, ont essayé de dégager, de l'histoire des institutions et des guerres, la marche du progrès. Ceux-là, s'emparant des formules abstraites et s'efforçant de les assouplir à la pratique, se sont adonnés à l'étude des questions philosophiques et sociales. Un grand nombre ont abordé par le drame et le roman la littérature proprement dite. Tous assurément ne sauraient être rangés au nombre

des écrivains. Plus ou moins tourmentés de la manie d'écrire, n'étant pas du métier, ils n'ont pas, comme le disait Théophile Gautier, « mar-
« telé sur l'enclume dès la jeunesse, ce dur
« métal de la langue, si rebelle à prendre des
« formes »; on ne saurait donc appliquer à leurs œuvres les règles sévères de l'art. Il en est parmi eux qui appartiennent à ce que Sainte-Beuve appelle l'austère et souveraine famille des inventeurs; « avant de juger ceux-
« là, a dit l'illustre critique, même lorsqu'on
« les voit en faute et manquant à certaines
« conditions de convenance et de forme que
« d'autres, de bien moindres, observeraient mieux
« qu'eux peut-être, il convient de se souvenir
« des sommets où ils sont précédemment
« montés [1] ».

[1] SAINTE-BEUVE, *Causeries du Lundi*, article ARAGO.

Que de noms sur la route qui va de la science aux lettres, mettant, ainsi que le disait Prévost-Paradol, le cabinet du savant en communication perpétuelle et féconde avec le reste du monde !

Biot[1], a la fois astronome, physicien et chimiste, au dire de Flourens « savant de deuxième rang, manquant de génie et de bonté », qui n'a laissé de trace bien profonde dans aucune science, était avant tout un lettré. Il a combattu toute sa vie en faveur de l'union étroite des sciences et des lettres. Aux jeunes gens qui s'adonnent à la carrière des sciences il n'a cessé de conseiller de s'appliquer d'abord à exercer, à assouplir, à perfectionner les ressorts de leur esprit par l'étude des lettres. « N'écoutez pas ceux qui les dédaignent, » leur disait-il encore dans ses

---

[1] Biot (Jean-Baptiste), né en 1774, mort en 1862, était entré à l'École polytechnique en 1794, l'année de la fondation.

derniers jours, « on n'a jamais eu lieu de s'aper-
« cevoir qu'ils fussent plus savants pour être
« moins lettrés. Elles seules pourront vous
« apprendre les délicatesses de la pensée, les
« nuances du style, vous donner la pleine com-
« préhension des idées que vous aurez conçues
« et vous enseigner l'art de les exprimer claire-
« ment par des termes propres. » Il a donné aux
lettres tous les loisirs que lui laissaient les recherches scientifiques, relisant souvent Horace,
l'*Essai sur l'homme* de Pope, les vieilles poésies
de l'Écosse; passionné pour la poésie, citant, dans
son cours de physique du Collège de France,
l'*Épître* de Voltaire à M^me Du Châtelet comme le
plus vivant résumé des théories sur la lumière.
Avec ses remarquables qualités de finesse et
d'observation, il avait recueilli tous les maté-
riaux qu'il devait plus tard mettre en œuvre. Son
œuvre littéraire est considérable. Son *Essai sur
l'histoire des sciences pendant la Révolution*, tout
plein du souffle républicain des jours de sa jeunesse, l'a classé de bonne heure parmi les écrivains. De nombreux articles insérés dans *le
Moniteur universel*, *le Journal des Savants* et *le
Mercure de France* lui valurent de bonne heure
la célébrité. Son *Discours sur Montaigne* fut
couronné au Concours de l'Académie en 1812:

« Personne, y disait-il, n'a égalé Montaigne,
« personne n'oserait seulement imiter ce parler
« simple et familier qui se hausse ou se baisse
« selon les sujets, tour à tour enjoué, sérieux,
« fier, élevé, naïf, abstrait, profond, jamais
« obscur, point phrasier, ni enseignant, ni
« traînant, mais plutôt serré, vif, animé,
« pensant, noble dans sa familiarité même, sa-
« chant agrandir l'expression par la pensée et
« relever les termes bas et vulgaires en les em-
« ployant à une œuvre haute et riche ; talent
« original, génie tout libre, exprès formé par la
« nature pour aller partout secouant de vieilles
« erreurs et faisant la guerre aux préjugés. »
Biot a touché à tous les sujets. Dans le temps
qu'il fréquentait le salon de M^me de Staël, il collabora à la *Journée du Chambellan* avec An-
drieux et Benjamin Constant. Il a publié des
études sur l'économie sociale, sur la géographie
de la Normandie, de l'Irlande, de l'Écosse, sur
l'histoire du bouddhisme, sur l'astronomie in-
dienne et chinoise. Quelques-uns de ses articles,
entre autres ceux sur le *charlatanisme*, sur la *manière d'écrire*, sur l'*esprit de système*, font penser
à Diderot. A propos de l'éducation, il a tracé un
remarquable portrait de Rousseau dont il admi-
rait l'âme ardente et la sensibilité d'imagination.

« C'est un être inspiré qui parle, » écrit-il ; « il
« ne discute pas avec vous, il vous presse, il vous
« ordonne de vous rendre aux vérités que son
« cœur lui a révélées. Les mouvements tumul-
« tueux de son style rappellent en quelque sorte
« les agitations de sa vie, et son harmonie tou-
« chante a quelque chose de pénétrant comme
« les plaintes de l'infortune. » Une critique sobre
et serrée de Bernardin de Saint-Pierre et de Chateaubriand lui a servi à prouver que « le style
« le plus brillant et le plus harmonieux ne
« saurait avoir de beauté réelle sans la vérité et
« que, pour bien écrire, la première condition
« est d'écrire sur ce que l'on sait bien[1] ». Ses
éloges académiques de Galilée, de Newton, de
Franklin, de La Condamine, de Lagrange, ceux
surtout de Gay-Lussac et de Cauchy, qu'il appelait modestement des esquisses biographiques,
sont remarquables par leur correction et leur
élégance. Toute sa littérature paraît à Sainte-
Beuve « fine, délicate, triée, mais un peu menue
« et minutieuse ». L'auteur des *Lundis* lui reproche d'avoir laissé l'ironie se glisser quelquefois dans ses polémiques, et il blâme la prétention qu'il eut dans sa vieillesse à se poser en

[1] Biot, *De l'influence des idées exactes sur les ouvrages de
l'esprit.*

Socrate. « Avant que vous ayez ouvert la
« bouche, rapporte-t-il, il vous avait déjà prêté
« quelque légère sottise qu'il réfutait, se donnant
« sans cesse le beau rôle[1]. » Il devait à la méthode mathématique l'habileté d'analyse, la sûreté
du jugement, les qualités de pénétration, d'exactitude et de clarté de style qui le firent admettre
à l'Académie française[2].

Walkenaër[3] fut pendant plus de trente ans
secrétaire perpétuel de l'Académie des Inscriptions. C'était un travailleur infatigable. On est
étonné du nombre, de la variété et de l'importance de ses productions littéraires. A douze
ans, après avoir étudié l'algèbre et la géométrie,
il traduisit Virgile, Horace et Lucrèce en français et en anglais. Deux ans après sa sortie de
l'École, il publiait un *Essai sur l'histoire de l'espèce humaine*, synthèse quelque peu aventureuse,
esquissant en six périodes successives de progrès
et de déclin une histoire générale de l'humanité,
puis deux romans philosophiques assez mé-

[1] SAINTE-BEUVE, *les Lundis*, tome III.
[2] Il fut élu en 1856 en remplacement de Lacretelle.
[3] WALKENAER (Charles-Antoine), né le 25 décembre 1771,
mort le 27 avril 1852. Entré à l'École en 1794, après avoir été
employé à l'armée des Pyrénées en qualité d'inspecteur général
des Transports militaires, en sortit sans demander d'emploi.

diocres : *Charles d'Angoulême ou l'île de Wight* et
*Eugénie.* Avec Latreille il s'adonnait à l'histoire
naturelle, étudiant particulièrement les arai-
gnées et poursuivant l'œuvre de Réaumur sur les
abeilles. Dans le domaine de la géographie ancienne et moderne, dont le goût s'était développé
chez lui comme il suivait les cours préparatoires
aux fonctions d'ingénieur-géographe, il donnait
des relations de voyage, des tableaux savants
de la Polynésie, de l'Australie, de l'intérieur de
l'Afrique septentrionale, et une œuvre capitale,
*la Géographie ancienne historique et comparée
des Gaules cisalpine et transalpine* [1]. Des recueils
scientifiques, des encyclopédies, des diction-
naires s'enrichissaient de ses précieuses notices.

Enfin, en 1830, après quinze années passées
dans les affaires publiques sous le Gouvernement
de la Restauration, il revenait décidément aux
études purement littéraires. Son *Histoire de la
vie et des œuvres de La Fontaine,* regardée comme
un modèle du genre et où le fabuliste revit tout
entier, avait paru déjà. Successivement vinrent :
une édition des poésies de Maucroix, l'ami de
La Fontaine ; une *Histoire de la vie et des écrits
d'Horace ;* cinq volumes de *Mémoires* sur M^me de

[1] *Géographie ancienne historique et comparée des Gaules,*
ouvrage couronné par l'Académie des Inscriptions.

Sévigné ; six lettres extrêmement curieuses sur les *Contes de fées*, dans lesquelles il a retracé l'histoire de la féerie et de son influence sur les longs poèmes et les grands romans de chevalerie ; enfin, une piquante édition de La Bruyère, qui contient la clef de tous les portraits. Ses grandes biographies à la manière anglaise, encadrant la pein ture des personnages par l'histoire de la société des mœurs et des usages de leur temps, ont été une véritable nouveauté. Ses dissertations instructives, appuyées sur des preuves et des autorités certaines, sont aussi intéressantes que des romans. Sainte-Beuve, tout en lui reprochant « de se préoccuper trop peu du style et de ne « pas avoir le sentiment des atticismes, » le range parmi les écrivains classiques.

Jomard[1] a eu l'insigne honneur d'être élu au fauteuil de Visconti contre Paul-Louis Courier, honneur qui lui valut, il est vrai, la plus mordante des attaques du terrible pamphlétaire. Membre de l'Institut du Caire, collaborateur du grand ouvrage sur l'Égypte, il a laissé des travaux considérables. On admire surtout sa description des hypogées de la ville de Thèbes, son

[1] JOMARD (Edme-François), né à Versailles en 1779, mort à Paris en 1862, était entré à l'École polytechnique en 1794.

mémoire sur le système métrique des anciens
Égyptiens, ses relations de voyage dans les
déserts de la Thébaïde, ses études géographiques
et historiques de l'Arabie, ses recherches archéologiques sur les curieux monuments de Palenque,
du Mexique, de la Nouvelle-Grenade, du Japon
et de la Chine. Fondateur de la Société de géographie avec Laplace, Humboldt, Cuvier, Walkenaër, Maltbrun et de la Société pour l'instruction publique élémentaire, il s'est constamment
dévoué à l'enseignement populaire. C'est lui qui
a fait introduire le chant, la gymnastique dans
les écoles et qui, l'un des premiers, a exprimé
le vœu que l'enseignement primaire fût obliga-
toire en France. On ne saurait oublier le soin
qu'il a mis à réunir à grands frais les objets
précieux et rares se rattachant à l'histoire des
arts et de l'industrie, le désintéressement dont
il a donné tant de preuves, sa prodigieuse
ardeur, son dévouement à tout ce qui lui semblait destiné à l'amélioration de la vie humaine.

Charles Dupin [1], ingénieur hors ligne des
constructions navales, savant géomètre, professeur incomparable, philanthrope au sens pra-

[1] Né en 1784. Entré à l'École le premier en 1801, mort en 1873,
de la promotion 1801.

tique, a marqué partout son rang comme écrivain et comme orateur, à l'Académie des Sciences dont il était le président, à l'Académie des Sciences morales et politiques, au Conseil d'amirauté, au Conseil d'État, au Parlement. Initié à tous les genres d'études, il annonça de bonne heure les plus brillantes qualités littéraires. Pendant son séjour à Corfou, où il fonda, après le traité de Tilsitt, l'Académie ionienne, ses discours, ses institutions de prix, tous ses efforts en faveur de la régénération de la Grèce, suscitèrent en France un vif intérêt. Ses traductions des *Olynthiennes* de Démosthène, accompagnées de considérations sur l'éloquence de l'orateur athénien, lui valurent les félicitations de Paul-Louis Courier. La notice qu'il publia, en traversant l'Italie, sur son ami Léopold Vacca, professeur à l'Université de Pise, a été admirée des savants, et celle qu'il adressa de Toulon, où il créait le Musée maritime sur les superbes sculptures allégoriques de Puget, recueillit les plus vifs éloges de l'Académie des Beaux-Arts. Un souffle éloquent de patriotisme respire dans la lettre si fière qu'il écrivit de Londres, où le retenaient des travaux techniques, à lord Stanhope, dont la motion au Parlement anglais tendant à faire prolonger l'occupation de notre territoire était insultante pour la France [1]. Dans une longue lettre écrite, à la même époque, à lady Morgan, il réfutait les objections répandues en Angleterre contre notre théâtre. Il montrait par quel art heureux et profond Racine a peint les passions « tour à tour aimables, terribles et « sublimes, douces, impétueuses et concentrées, « s'épanchant de nos âmes, s'élançant avec « violence comme un torrent sort de son lit, ou « se repliant sur elles-mêmes et dévorant leurs « propres fureurs ». « C'est dans les réponses de Joas et le cantique des filles de Sion, lui disait-il, que les enfants habitués de bonne heure à moduler les accents de sa poésie lyrique ont connu les secrets de l'harmonie de notre langue ; c'est dans les belles scènes d'Andromaque, de Phèdre, de Bajazet et d'Iphigénie que l'adolescent trouve ses leçons, et c'est dans Mithridate, Agamemnon, Burrhus, Néron, que l'âge mûr voit

---

[1] « Milord, lui disait-il, dans les beaux temps de la Grèce, « lorsque la marine d'Athènes venait de s'immortaliser à « Salamine, Thémistocle osa proposer à ses concitoyens « d'anéantir la force navale des autres Grecs afin d'assurer à « sa patrie l'éternel empire de la mer. En adoptant son projet, « les Athéniens préparèrent la guerre de Péloponèse, et avec « elle la chute de leur suprématie, la perte de leur indépen- « dance et de leur liberté... Je vous montrerai qu'en conseillant « des forfaits à votre patrie pour sa gloire et son intérêt vous « lui conseillez sa honte et sa décadence... »

se refléter avec vérité les suprêmes éclats des dernières passions de la vie. » Sa lettre développait ensuite, en les appuyant sur de longues citations, les raisons par lesquelles Shakespeare règle la foi poétique anglaise. Elle se terminait par la réfutation de tous les arguments présentés par lady Morgan dans son ouvrage sur la France, réfutation faite avec un ordre serré, une précision de détails, et d'une façon absolument mathématique où le polytechnicien se reconnaît et qui en fait un curieux document littéraire. Le *Voyage dans la Grande-Bretagne*, dont l'influence sur les destinées de notre industrie et de notre marine ont été si considérables, fut publié au retour de ce voyage à Londres. Toute sa vie, Charles Dupin a mené de front les occupations scientifiques et les œuvres littéraires. Ses éloges académiques du duc de La Rochefoucauld-Liancourt, de Bréguet, de Chaptal, de J.-B. Say sont nourris de faits et empreints d'une sensibilité profonde. Ses discours aux séances publiques de l'Institut sont de véritables morceaux oratoires. En exposant les progrès des sciences mathématiques et leur application aux arts, il a tracé un tableau grandiose du génie des sciences poursuivant sa carrière en France avec une énergie inébranlable, même au milieu des

combats et des discussions civiles. En énumé-
rant les bienfaits de l'instruction populaire dont
il avait été l'infatigable promoteur, il a rappelé
les prodiges que la diffusion des sciences a produits aussi bien dans les lettres que dans les
arts : « C'est elle, a-t-il dit, qui a transporté la
« poésie des pays du Midi, où le climat souriait
« à son génie, dans les pays du Nord, où l'intelli-
« gence populaire, excitée, développée, offrait à
« son essor un plus vaste concours de forces
« intellectuelles. » Ses recherches de statistique, qui le conduisirent au savant travail sur
*les forces productives des nations*, décèlent une
habileté extraordinaire à saisir la portée morale des phénomènes économiques : « Entre
« ses mains, » dit un de ses biographes, « la sta-
« tistique, cette science des chiffres, s'anime,
« s'émeut, s'éclaire ; l'arithmétique a des accents,
« le nombre de la passion. C'est que, par-delà le
« chiffre, il voit les âmes ; par le nombre il vise
« à l'amélioration des mœurs [1]. » S'il est vrai
qu'en se mêlant étroitement à la vie publique
il n'ait plus retrouvé l'ardeur qu'il apportait
dans sa jeunesse à défendre la liberté, et que ses
discours politiques n'aient été le plus souvent

[1] Ch. Lévêque, *Éloge de Ch. Dupin*.

qu'une succession de brillantes périodes, interrompues quelquefois par des apostrophes véhémentes en faveur des idées conservatrices, il
faut reconnaître que son livre *Bien-être et Concorde du peuple français*, publié après les journées de Juin, fut une œuvre de conciliation,
d'apaisement et de pacification sociale faite de
science claire et persuasive. Charles Dupin a
consacré sa vie à élever et à instruire les classes
laborieuses. Il a fait au Conservatoire des Arts
et Métiers, pour les ouvriers, des cours qui sont
des modèles de simplicité et de clarté et qui ont
eu un succès immense. Il a lutté contre la routine et les préjugés, se prodiguant dans toutes
les chaires et dans toutes les tribunes, en écrits
et en harangues, à propos de tous les sujets. Son
style, souvent aisé et agréable, s'élevant parfois
à une grandeur éloquente, souvent aussi diffus
et prétentieux, embarrassé d'interminables descriptions, moitié statisticien, moitié académique, a donné prise à des critiques acerbes. On
l'a comparé « à un robinet toujours ouvert,
« sempiternel et monotone, coulant et collant
« d'une opiniâtre fadeur ». Nous ne voulons
retenir ici que la réplique de Royer-Collard à
ceux qui soutenaient en sa présence que tout ce
que Charles Dupin avait de brillant n'était qu'à

la surface et que son zèle n'était pas exempt de
charlatanisme : « N'est pas qui veut charlatan
comme lui. »

L'illustre Arago, admiré comme savant, ap-
plaudi comme orateur, acclamé comme patriote,
aurait pu assurément prétendre au fauteuil réservé par l'Académie française aux secrétaires
perpétuels de l'Académie des Sciences. Mais il re-
fusa constamment de se présenter ; il y mit même
une certaine coquetterie : « Vous le savez, Mon-
« sieur, » écrivait-il à M. Vitet, « ma position est
« bien nette, je ne m'y suis jamais présenté, je
« ne m'y présenterai jamais. » Ce fils bien-aimé
de l'École était incontestablement un littéra-
teur de premier ordre. Nourri d'abord exclusivement d'études littéraires, les auteurs classiques avaient été ses lectures de prédilection.
Il en récitait des tirades entières. Il aimait surtout Molière, qu'il savait par cœur. Lorsqu'il fut
plus tard appelé à en apprécier le rôle civilisateur, il le montra, dans un éloge rempli de
curieux aperçus psychologiques, réussissant
mieux que les moralistes, les philosophes et les
législateurs, à balayer de sa plume le langage
fade et alambiqué des ruelles, à flageller le
pédantisme, à nous débarrasser du galimatias
des métaphysiciens et de l'astrologie judiciaire,

à ridiculiser la sotte vanité bourgeoise, à flétrir l'avarice et l'hypocrisie [1]. Jamais Arago ne cessa de mener de front la littérature et la philosophie avec l'astronomie, la mécanique, la physique et la chimie. Dans toutes ses œuvres par lesquelles il a exercé au dehors une puissante influence, éclatent les grandes qualités de l'écrivain. Ses *Notices*, où le récit de la vie des savants se mêle à des aperçus merveilleux sur toutes les branches du savoir, ses *Mémoires* sur une foule de sujets techniques, le cours d'astronomie populaire que suivait un auditoire avide et enthousiaste, tous les écrits où il a répandu les renseignements utiles à pleines mains et avec une lucidité de démonstration devenue proverbiale, ont fait pénétrer les vérités scientifiques dans les différentes classes sociales et puissamment servi la cause du progrès. On a relevé dans les *Éloges* et dans les *Notices* des bouffissures déclamatoires, de l'incohérence, de la disproportion en certaines parties, une négligence de l'art des transitions. Sainte-Beuve lui reproche « les digressions « plus ou moins naturelles introduites carré- « ment et poussées à bout sans réserve au lieu

---

[1] Discours prononcé lors de l'inauguration du monument élevé à Molière par souscription nationale en 1844.

« d'avoir été amenées avec adresse et fondues
« dans le sujet ». — « S'il s'offre de quelque côté
« quelque allusion possible à des circonstances
« politiques, à des émotions bruyantes et pas-
« sagères, » dit l'auteur des *Lundis*, « Arago ne
« dédaigne pas de faire une sortie et de la mar-
« quer avec vigueur... Les choses spirituelles
« qu'il rencontre sont rachetées par d'autres
« qui ne le sont pas. Pour l'anecdote, elle est
« très mêlée chez lui : il y en a de vives, de
« remuantes, il y en a de communes ; il ne
« choisit pas. Quand il touche à des coins de
« littérature, il ne retrouve pas cette propriété
« de langage qu'il a dans les exposés des
« sciences... Voilà les caractères et les défauts,
« ajoute Sainte-Beuve, que je pourrais appuyer
« et démontrer par maint exemple. » Et, tout
en reconnaissant l'intelligence supérieure et le
maître, il refuse à Arago le goût littéraire proprement dit. Mais nul ne peut nier que l'illustre
savant possédait au plus haut degré la faculté
de rendre accessible à tous les considérations
les plus élevées, de mettre la science à la portée de toutes les intelligences. On admire l'art
merveilleux avec lequel il savait faire appel
aux ressources de son érudition, aux richesses
de son imagination, pour orner et animer l'exposé

des questions les plus ardues. A. de Humboldt
ne loue pas seulement l'impartialité de ses jugements, la lucidité de ses expositions, mais aussi
« une chaleur qui grandit à mesure que le sujet
« s'élève ». Saint-Marc-Girardin convient qu'il
possédait en tout ce qui touchait à la science « la
« précision, la justesse, une clarté souveraine
« allant jusqu'à la grâce ». Dans l'*Histoire de ma
jeunesse*, le récit de sa mission en Espagne est
habilement entrecoupé par des histoires de
moines et de brigands, par des aventures où l'on
a relevé plus d'un trait de délicatesse et d'émotion. Certaines pages de ses œuvres, comme
celles où il a peint les grenadiers d'Oudinot,
d'un mouvement dramatique entraînant, sont
des tableaux accusés avec une verve d'artiste.
Louis de Loménie loue le charme de diction, l'élégance de style et de pensée de tout l'ensemble
de ses œuvres. L'Académie des Sciences écoutait
avec recueillement ses lectures. La Chambre
des députés se tenait silencieuse quand il par-
lait à la tribune, saisie par son argumentation
brillante, sa verve inépuisable. Le peuple lisait
avidement ses discours substantiels, sobres
d'images, coupés d'interpellations mordantes ou
de piquantes anecdotes, tous respirant le plus
généreux enthousiasme. Depuis Condorcet, nul

ne semblait plus digne d'occuper le fauteuil de
Fontenelle et de D'Alembert.

Élie de Beaumont [1], l'un des plus grands
savants du siècle, qui eut l'honneur de fonder
par une synthèse hardie la science de la formation de l'écorce terrestre, dont l'introduction à
l'explication de la carte géologique de France
est regardée comme un chef-d'œuvre de littérature scientifique, dont les éloges académiques
sont écrits en une langue d'une remarquable
pureté, mourut trop tôt pour remplacer à ce
fauteuil l'illustre chimiste, J.-B. Dumas.

La gloire d'occuper le fauteuil des secrétaires
perpétuels échut à M. Joseph Bertrand [2]. Mathématicien prodige, célèbre dès l'âge de dix ans,
ayant mis son amour-propre, comme beaucoup
d'hommes d'esprit, à ne point paraître de sa
profession, « il n'avait jamais cessé de penser
« tout bas à l'Académie française [3] ». Porté vers
les mathématiques par de merveilleuses dispositions naturelles, après avoir donné plusieurs

[1] Élie de Beaumont, né en 1798, mort en 1874, était de la
promotion 1817.

[2] J. Bertrand, ingénieur des Mines, de la promotion 1839,
né en 1872, membre de l'Académie des Sciences.

[3] Discours de Pasteur en réponse au discours de réception
de J. Bertrand à l'Académie française.

années aux abstractions les plus élevées, il se jeta brusquement dans les œuvres demi-scientifiques, demi-littéraires. D'une main prodigue il sema des articles de toute sorte dans les revues et dans les journaux, des notices claires, animées, débarrassées de considérations sévères, bien faites pour guider le lecteur avec intérêt, sans effort. L'*Histoire de l'Académie des Sciences*, l'*Histoire des fondateurs de l'Astronomie moderne*, les éloges académiques auxquels il sut, après Fourier, Biot, Arago, Élie de Beaumont, donner de l'intérêt, l'ont révélé comme un lettré d'un rare talent et d'une grande variété de connaissance. Élu, en 1885, à l'Académie française en remplacement de J.-B. Dumas, il retraça les soixante années de travaux ininterrompus de son prédécesseur, tout en esquissant rapidement le portrait du grand Humboldt, en effleurant maint sujet d'une touche légère, en pailletant son discours d'anecdotes et de citations, nous prouvant par son propre exemple que « l'algèbre donne, dans un « langage dont à tort on s'effraye, le modèle « d'un style serré, précis, sans couleur, non « sans éclat, où la logique s'impose, mais où « l'art trouve accès [1] ».

[1] J. BERTRAND, *Vie de d'Alembert.*

## III

Sedillot, de Chezy, de Saulcy, Édouard Biot, Robert, Faidherbe, **M.** Marcel Dieulafoy, membres de l'Académie des Inscriptions et Belles-Lettres, une phalange d'officiers et d'ingénieurs polytechniciens accueillis par la Société des Antiquaires de France, acharnés à l'étude, « en un sens sacrée », des vieilles ruines, sont allés interroger les débris des monuments de l'Égypte, de la Phénicie, de la Chaldée, de la Perse, de Carthage, de l'ancienne Gaule, pour retrouver les éléments des langues et pour reconstituer les civilisations disparues. A leurs travaux considérables, de nouveaux travaux viennent s'ajouter tous les jours, œuvres d'érudits qui s'efforcent de résoudre comme autant de problèmes les questions les plus délicates de la philologie, de l'archéologie, de la numismatique.

M. René Kerviller [1], l'auteur de plusieurs ou-

----

[1] René Kerviller, né à Vannes en 1842, ingénieur des Ponts et Chaussées, de la promotion 1861.

vrages d'une très haute valeur, couronnés par
l'Académie française, *la Bretagne à l'Académie
française au XVII<sup>e</sup> et au XVIII<sup>e</sup> siècle*, de
*Notices* sur Valentin Conrart et sur les anciens
académiciens, d'une *Bibliographie bretonne*,
œuvre, a-t-on dit, non pas d'un bénédictin,
mais d'un couvent de bénédictins, relatant tout
ce que les Bretons ont écrit et tout ce qu'on
a écrit sur eux, avec la ténacité caractéristique de sa race bretonne [1], fait marcher de
front brillamment les travaux techniques, les
recherches archéologiques les plus délicates et
les études littéraires.

M. Dieulafoy, qui a vécu longtemps dans
l'intimité des peuples de l'Orient, qui est parvenu à pénétrer les origines de l'art perse et
de l'art musulman, s'est efforcé, dans un ouvrage tout récent [2], de mettre en pleine lumière
le génie militaire du roi David, d'expliquer les
raisons de son avènement au trône de Judée et
de rétablir le héros de l'époque biblique dans son
temps et dans son milieu. Par ses savantes res-

[1] Son père, POCARD KERVILLER, ancien officier de Marine, de
la promotion 1824, est l'auteur des *Souvenirs d'un capitaine
de frégate*.
[2] *Le roi David*, par Marcel DIEULAFOY. Paris, Hachette, 1897.

taurations, il a pris désormais sa place dans l'histoire.

M. Paul Tannery [1] consacre ses loisirs à l'étude des mathématiciens grecs, à celle de l'histoire générale des sciences et de la philosophie. Son *Histoire de la science hellène de Thalès à Em-pédocle*, ses ouvrages sur la géométrie grecque, sur la géométrie ancienne, ses leçons de philo-sophie grecque et latine au Collège de France, lui ont acquis une autorité considérable en France et à l'Étranger. Convaincu que les maté-riaux sur lesquels ont été basées les recherches antérieures sont incomplets ou mal interpré-tés, il verse maintenant de plus en plus dans la philologie proprement dite ; il publie des textes inédits grecs et latins, des éditions sa-vantes comme celle de Diophante, celle de Fer-mat, celle de Descartes, comprenant cette étude dans le sens le plus large, d'après lequel la connaissance du langage mène à l'étude de toutes les pensées et de toutes les occupations de l'humanité.

Les belles études de M. Choisy sur l'architec-

----

[1] Ingénieur des Manufactures de l'État, de la promotion 1862.

ture grecque[1], d'où est sorti tout un chapitre nouveau de l'Histoire de l'art, ont permis de reconstituer le vocabulaire de la charpenterie des anciens et ont jeté un jour inattendu sur l'interprétation des inscriptions techniques, jusque-là si obscures, qui sont relatives aux murs de la ville d'Athènes et de l'Érechteïon, son temple le plus sacré.

Le lieutenant-colonel Hennebert, interrogeant tous les textes, puisant à toutes les sources, résumant toutes les études faites avant lui depuis Polybe et Tite-Live, a retracé la vie d'Annibal et, on peut le dire, celle du milieu où vivait ce héros, dans un livre[2] dont certaines pages, comme celles consacrées au passage des Alpes, laissent une impression profonde et en font une œuvre de haute valeur littéraire.

Le commandant Guise[3] a développé cette thèse, dont nous lui laissons la responsabilité, qu'il y a toujours eu un rapport étroit entre l'organisation militaire des peuples, que dans

[1] La série des mémoires de M. Choisy a été réunie en un volume sous le titre de : *Études graphiques sur l'architecture grecque.*

[2] *Histoire d'Annibal.*

[3] Guise, *le Militarisme en Europe.* Paris, Berger-Levrault, 1890.

l'Europe moderne, qui s'est surtout constituée par les armes, le militarisme a été l'agent le plus actif de la civilisation, en ce qu'il a contribué à l'acquisition des libertés nécessaires, à maintenir un équilibre de forces ou de relations entre les nations qui se sont fondées, et à rendre la nouvelle civilisation plus remarquable et plus durable que l'ancienne.

M. Guéroult [1] a réussi à condenser dans un court résumé les résultats obtenus depuis cent ans dans tous les ordres de l'activité et de la connaissance humaine, à tracer le chemin parcouru en politique, en philosophie, en religion, en art, en science, et, en un mot, à montrer que le xix° siècle est la période la plus brillante et la plus féconde qu'ait encore traversée la civilisation [2].

Un grand nombre d'écrivains militaires, comme le marquis de Chambray, Paixhans, Duvivier, Charras de Fourcy, La Barre du Parc, Suzanne, Favé, Thoumas, Hennebert, et tant d'autres, ont laissé des études spéciales, des travaux historiques, des récits de campagne de guerre, dont

[1] C. GUÉROULT, trésorier-payeur général, de la promotion 1858.

[2] C. GUÉROULT, le Centenaire de 1789.

le style ne manque ni d'originalité ni d'éclat.

Des ouvrages de droit, d'économie politique, de statistique, des travaux sur les questions financières, qui sont souvent l'écueil des historiens, et sur les affaires de haute administration, remarquables par la largeur des vues et la compréhension des besoins de la société moderne, témoignent des grandes qualités qui prédestinaient certains d'entre eux à la vie publique [1].

Clermont-Tonnerre [2], linguiste et helléniste distingué, a trouvé le temps, pendant qu'il était ministre de la Marine, de relire les chefs-d'œuvre de l'antiquité classique et d'y faire ample moisson de réflexions utiles. « Dans ses notes, dans ses « rapports, dans ses discours, dans ses réflexions « sur les événements de chaque jour, dit M. Egger, « on suit partout la même méthode ; il apporte « le même soin à interroger l'histoire depuis la « Bible jusqu'à Mezeray pour y trouver des « arguments propres à diriger la conduite des « hommes d'État [3]. » Il a traduit Ésope, Xéno-

---

[1] Citons les travaux de VUITRY, ministre présidant le Conseil d'État, de la promotion 1838.

DUMONT (François), ingénieur, de la promotion 1838.

MIDY (C.-Henry), ingénieur, de la promotion 1838.

[2] CLERMONT-TONNERRE, né en 1779, mort en 1865, était de la promotion 1799.

[3] *Notice sur Clermont-Tonnerre*, par M. EGGER.

phon, Thucydide, Lucien. Il a consacré vingt-cinq ans à traduire et à commenter Isocrate dont les doctrines le séduisaient, qu'il regardait comme un chrétien anticipé, et c'est dans cette étude qu'il a trouvé un appui à la théorie de la monarchie fondée sur le respect de la tradition, la théorie religieuse et la politique de Bossuet.

Montalivet [1], le ministre le plus dévoué, l'ami le plus fidèle du roi Louis-Philippe, a montré, dès le collège, où il se trouvait sur les bancs avec Armand Berlin, Alfred de Wailly, Lesourd, Véron, un égal enthousiasme pour tous les genres d'études. « Le grand mathématicien et le « *vir probus ac dicendi peritus* doivent être chers « à l'humanité, » écrivait-il dans une lettre curieuse [2] à son camarade Bary, entré une année avant lui à l'École polytechnique, où il disputait sur la primauté des sciences et des lettres, « les « unes toujours en progrès depuis leur naissance, « les autres sujettes aux vicissitudes de l'esprit « humain, mais conduisant à la science du bien « et du mal, et, toutes les deux, d'une utilité « première ». Forcé d'interrompre sa carrière

[1] MONTALIVET (Marthe-Camille), né en 1801, mort en 1880, était de la promotion 1820.

[2] Lettre insérée dans les *Cahiers d'un Rhétoricien de 1815.*

d'ingénieur pour aller s'asseoir à la Chambre des Pairs, il s'est livré assez tard à l'étude du droit public et de la politique. Son travail sur la loi de la Presse, que présentait M. de Peronnet, et surtout sa brochure *Un Jeune Pair de France aux Français de son âge*, applaudie par Chateaubriand, attirèrent sur lui l'attention. Son talent d'orateur, fait à la fois de clarté et d'atticisme, a entraîné le vote des grandes lois relatives à notre organisation administrative qui a survécu à la monarchie. En défendant, au lendemain de la révolution, la famille royale dont sa franchise et sa sincérité lui avaient conquis l'attachement, il a donné la preuve de la supériorité de son caractère et de l'élévation de son esprit [1]. En publiant dans ses dernières années l'histoire du petit pays sancerrois [2], voisin de son château de Lagrange où il consacrait sa vieillesse à réunir des livres curieux et des éditions rares, il a révélé une âme de poète, sensible à toutes les beautés de la nature.

De Roujoux[3], historien, romancier, poète,

[1] De Montalivet, *Louis-Philippe et la Liste civile*. Paris, 1851, in-8°, Michel Lévy.

[2] De Montalivet, *Un heureux Coin de terre*.

[3] De Roujoux (Prudence-Guillaume), né à Landerneau en 1779, mort en 1836, était de la promotion 1796.

journaliste, esprit des plus brillants, doué d'une facilité extrême, d'une aptitude universelle, a publié de nombreux ouvrages sur les sujets les plus variés. Il a traduit l'*Histoire d'Angleterre*, de Lingard, l'*Histoire d'Irlande*, de Thomas Moore. Il a laissé un *Précis historique* assez diffus de la Maison de Polignac, une histoire curieuse *des Rois et des Ducs de Bretagne*, mêlée de récits romanesques, un *Abrégé de l'Histoire générale des Voyages*, un dictionnaire italien, un ouvrage descriptif des cinq parties du monde, *le Monde en Estampes*, consacré à l'amusement de la jeunesse. Son *Don Manuel* est une nouvelle pleine d'intérêt. Avec Charles Nodier, son ami intime[1], il a publié les *Poésies de Clotilde de Vaux*, cette supercherie littéraire. C'est dans sa brochure sur la *Prophétie de Saint-Cézaire*, évêque d'Arles au vi⁰ siècle, que se trouve un fragment de l'*Histoire de la superbe ville d'Is*, placée par la tradition en basse Bretagne, dans la baie de Douarnenez, et dont le nom, d'après les étymologistes armoricains, a servi à former celui de la capitale de la France *Par-IS*, l'égale d'*IS*, parce qu'elle s'annonçait comme sa rivale.

---

[1] De Roujoux était sous-préfet de Dôle, quand il fit la connaissance de Nodier, placé dans cette ville sous la surveillance de la police de l'Empire.

Miel[1], passionné pour l'art, visitait les musées, les expositions publiques, les ateliers des maîtres et publiait au commencement de la restauration des articles de critique très remarqués. Son *Salon* de 1817 a fait sensation. David l'encourageait de son autorité de chef d'école : « Continuez, lui disait-il, vous rendrez service aux artistes, car vous les comprenez. » Il a influé en effet sur le public en lui signalant certaines productions comme de déplorables plagiats des temps de la décadence, en le faisant revenir de ses préventions contre Ingrès, alors méconnu, en ressuscitant comme artiste Bernard Palissy dont il a rendu le nom populaire. Apologiste, l'un des premiers, du moyen âge, il a établi dans ses notices sur Jean Cousin, Jean Goujon et Philibert Delorme, la transition du gothique à la Renaissance pour la peinture, la sculpture et l'architecture. Son *Histoire du sacre de Charles X dans ses rapports avec les Beaux-Arts* est un coup d'œil rétrospectif, curieux et instructif sur le temps écoulé depuis le sacre de Louis XVI. Son *Cloître des Chartreux* est un grand ouvrage de luxe consacré à la description de tableaux, au

---

[1] MIEL (Edme-François), né à Châtillon-sur-Seine, en 1775, mort en 1842, était de la promotion 1794; il démissionna pour entrer dans les bureaux de la Préfecture de la Seine.

récit de la vie du P. Bruno et à une notice sur
Lesueur. Musicien éclairé, Miel a publié des
études sur Gluck, sur Garat, sur Viotti, sur Cheru-
bini et sur Beethoven, dont il contribua à popu-
lariser la renommée. Grand admirateur de Fénelon [1], il a composé, lors de l'inauguration du
monument qui lui a été élevé à Cambrai, une
ode qui obtint le prix du Concours de poésie. La
mort l'empêcha de publier une Histoire de l'Art
français pour laquelle il avait réuni une immense quantité de matériaux.

L'étude de l'histoire, depuis qu'on y a introduit les théories telles que celle des séries homogènes, celle des états successifs, tend à devenir
une science, « au même titre que l'astronomie
« et la physique [2] », et réclame l'emploi de la
méthode mathématique. M. Renouvier a protesté,
il est vrai, contre ces théories qui conduisent
au fatalisme historique. Son curieux ouvrage,
l'*Uchronie*, est le récit idéal des événements
qui seraient survenus dans le monde si, après
le premier siècle de l'ère chrétienne, Marc-Aurèle,

---

[1] Il avait rédigé d'après l'*Éducation des filles* le plan d'un
cours de perfectionnement.

[2] LITTRÉ. Leçon d'ouverture du Cours d'Histoire professé
aux élèves de l'École polytechnique réunis à Bordeaux au
commencement de l'année 1871.

convaincu de la nécessité d'une régénération sociale, eût exilé son fils Commode et ouvert les voies au rétablissement de la République. Les réformes de Marc-Aurèle réussissent, les chrétiens sont refoulés en Orient ; c'est là que s'établit le moyen âge ; les Croisades sont dirigées d'Orient en Occident, les peuples arrivent sans secousse à la liberté et à la science et, en fin de compte, au xix° siècle, le résultat est le même que dans la réalité. Mais cette protestation n'a point ébranlé chez ses camarades plus jeunes la conviction qu'il doit exister des lois réglant toutes les affaires humaines, lois mathématiques dont la connaissance permettra seule de tirer du passé des conclusions et des enseignements pour l'avenir.

C'est avec cette conviction que M. Paul Mougeolle[1] a ébauché une grande théorie nouvelle de l'humanité. Il a exposé, avec l'abondance de preuves que lui fournissait son immense érudition, les raisons qui doivent faire condamner les divers systèmes anthropomorphiques, proposés jusqu'ici pour expliquer la succession des événements par l'apparition de grandes individua-

---

[1] Paul Mougeolle, ingénieur des Ponts et Chaussées, de la promotion 1876.

lités, rois, conquérants, législateurs, prophètes, poètes, inventeurs ou par des causes accidentelles étroitement liées à l'action de la Providence. Il a établi sur une démonstration solide la nécessité d'en venir à la doctrine réaliste qui incarne dans des formes diverses les faits, les hommes, les choses, qui considère sous leur véritable aspect les individus et les phénomènes, et qui attribue aux masses leur réelle part d'influence. En véritable savant, il s'est livré à une étude approfondie des considérations thermiques restées jusqu'à aujourd'hui lettre morte, bien que leur importance ait été entrevue par Bodin et par Montesquieu. Envisageant l'histoire comme la continuation même de l'histoire naturelle, il partage la terre, d'après les influences climatériques, en zones isothermes, à la façon des géomètres, puis celles-ci en régions subdivisées elles-mêmes d'après les accidents du sol, sa nature, les variations terrestres, hygrométriques, aériennes ou minéralogiques ; dans les provinces d'un même pays ainsi différenciées, il s'efforce de mettre en relief les plus petits détails de l'histoire locale, et il parvient ainsi à rendre compte de la manière dont les sociétés évoluent au point de vue de la masse et au point de vue de l'organisation. Pour lui, le déplacement des civilisations s'explique par la seule influence du climat ; c'est le milieu, la matière impersonnelle, immense, éternelle, la terre, l'eau, l'air, qui donne vraiment la raison des principaux événements, qui fournit la solution des problèmes les plus généraux de l'histoire. « La civilisation, » dit-il dans l'un de ses remarquables ouvrages [1], « née « dans les régions chaudes du globe, s'est « avancée de plus en plus vers le pôle. Le long « de chaque zone thermique elle a marché « tantôt vers l'Orient, tantôt vers l'Occident, « suivant la configuration des diverses régions « et, dans l'intérieur de chaque terre, les villes « qui la représentent et la centralisent, d'abord « juchées au sommet des monts, se sont graduel- « ment abaissées vers la plaine jusqu'à la mer. » Si, dans l'état actuel de la science, l'influence ainsi attribuée au milieu reçoit peut-être une importance exagérée [2], il n'en faut pas moins admirer la puissance d'argumentation avec laquelle M. Paul Mougeolle est arrivé à étendre pour ainsi dire la théorie de l'adaptation à l'huma-

[1] *La Statistique des civilisations*, par Paul MOUGEOLLE. Paris, Reinwald, 1883. — *Les Problèmes de l'histoire*, par Paul MOUGEOLLE. Paris, Reinwald, 1886.

[2] M. P. MOUGEOLLE a dit lui-même que son étude avait besoin d'être complétée par celle de l'action de l'homme sur les mêmes milieux dans lesquels il s'est déplacé.

nité tout entière, à faire ressortir ce qu'il y a d'erroné dans les théories des cycles, la théorie des races, les diverses théories longtemps en faveur qui ont accordé une influence prépondérante aux lois, aux gouvernements, aux religions, à établir enfin qu'il faut aller au-dessus de l'homme chercher la raison des choses.

La même méthode de l'observation des faits, de l'analyse des phénomènes, le même emploi de l'induction et de la synthèse, ont guidé M. Marc-foy[1] dans la recherche des lois sociales, économiques et politiques, qui régissent la société humaine, lois, d'après lui, « aussi formelles, « précises, inflexibles, immuables, éternelles, « parfaites, que les lois physiques et morales « de la nature et au-dessus desquelles domine « toujours le principe de l'harmonie universelle « d'où dérivent les harmonies diverses qui font « tendre inflexiblement l'économie des sociétés « vers le bien ». Dans *la République*, ouvrage considérable, absolument exceptionnel à notre époque de travaux rapides, l'un des efforts les plus sérieux qui, de l'avis de Jules Simon, ait été fait sur la philosophie politique et sociale, il s'est proposé d'indiquer les voies normales que la

---

[1] *La République*, par MARCFOY. Paris, Berger-Levrault, 1893.

société doit suivre pour arriver à la félicité. L'histoire, la philosophie, la religion, l'instruction, la morale, la politique, la science sociale, toutes les grandes questions qui se rattachent à l'organisation, à la marche et au progrès de la société humaine, y sont analysées, traitées et développées avec une ampleur extraordinaire. Il n'est pas un des grands problèmes dont l'esprit humain est préoccupé qui ne soit étudié dans cette vaste enquête synthétique embrassant le cycle entier de nos connaissances. Un coup d'œil général sur l'antiquité montre que les trois éléments nécessaires de la stabilité sociale, richesse, lumière, vertu, n'ont jamais coexisté dans les sociétés antiques, ce qui a été la cause de leur chute. La critique de l'état social des différents peuples, une étude complète de toutes les manifestations intellectuelles et matérielles à travers les âges, un examen des luttes, des tâtonnements, des progrès des sociétés, met en lumière les principes généraux qui doivent servir de base aux institutions et aux lois pour donner à la société ce qui lui manque et pour la rendre meilleure. Des vues originales, lumineuses, s'y rencontrent, toujours appuyées sur des preuves incontestables; des conclusions y sont données, précises, formelles, empreintes d'un grand caractère d'utilité. Le rétablissement des provinces, la décentralisation, le concours pour les emplois publics, la réforme de la liberté de la Presse, la réforme des lois pénales, l'abolition de la peine de mort, l'adoption d'un enseignement exclusivement français pour l'instruction générale de la jeunesse, sont indiqués comme la solution des questions du moment. Cette œuvre extraordinaire de science et de conscience, qui n'a pas demandé moins de vingt-cinq années d'un labeur obstiné pour en accumuler les matériaux, accuse dès les premières lignes l'intelligence fortifiée par l'habitude des démonstrations rigoureuses. La façon méthodique d'exposer les idées, le classement raisonné des sujets, la recherche des formules exactes, l'emploi des raisonnements en forme d'équation, trahissent le mathématicien. Nulle part il n'y a place pour l'utopie; point de divagation; toute passion en est exempte; seule la recherche de la vérité domine. Le style est sobre, clair, plein de noblesse et, dans certains passages, d'une ampleur tout à fait remarquable. Un éloquent appel, à la fin du *Discours* préliminaire, y est adressé à toutes les initiatives, à toutes les bonnes volontés, en des paroles réconfortantes où vibre l'accent généreux et sincère de la confiance en l'avenir.

IV

Des ingénieurs, en traitant de questions techniques, ont laissé libre cours à leur imagination d'artistes. Il semble que ce soit bien à eux qu'on puisse appliquer cette réflexion de Sainte-Beuve : « Tout homme d'esprit, qui est « d'une profession, s'il a à s'en expliquer « devant le public, surpasse d'emblée les lettrés « même par l'expression ; il a des termes « plus propres et tirés des entrailles même « du sujet [1]. »

C'est à la forte éducation scientifique, qui lui a permis d'embrasser l'ensemble des connaissances humaines, que M. Auguste Laugel [2] doit l'impartialité sereine de ses études sur l'histoire et la politique, sur les institutions de l'Amérique et de l'Angleterre, sur les événements et

[1] SAINTE-BEUVE, *Nouveaux Lundis*, t. IX, article DESCHANEL.
[2] LAUGEL (Auguste), ingénieur des Mines, de la promotion 1849, démissionnaire.

les hommes du temps passé et du temps présent [1]. Le sentiment profond de la grandeur de
la science lui a donné un style aux formes
élevées, brillantes, poétiques, bien fait pour
captiver l'attention et pour la concentrer sur les
questions les plus ardues. Nul n'a contribué
davantage, de l'avis de M. Paul Janet, à mettre
le public au courant des progrès des sciences
physiques et naturelles et des systèmes cons-
truits par les philosophes pour en interpréter
les étonnantes révélations. En quelques pages
d'une clarté parfaite et d'une réelle éloquence,
il vous initie à la connaissance des lois générales
qui président aux mouvements des corps célestes
et aux phénomènes de chaleur, de lumière,
d'électricité et de magnétisme. L'harmonie des
phénomènes naturels, la corrélation des forces
physiques, la transformation des espèces, l'antiquité de l'homme, les rapports de la musique
avec l'acoustique, de l'optique avec les arts, tous
les problèmes sont merveilleusement exposés
dans ses *Études philosophiques* [2]. Il a retracé

---

[1] A. LAUGEL, *les États-Unis pendant la guerre. — L'Angleterre
politique et sociale. — Les grandes Figures historiques. — La
Réforme au XVIe siècle. — Fragments d'histoire.*

[2] Sous ce titre sont réunis :
*Science et Philosophie. — Les Problèmes de la Nature. —
Les Problèmes de la Vie. — Les Problèmes de l'Ame.*

4

dans une exposition saisissante l'histoire des conceptions philosophiques des anciens et des modernes et de toutes les manifestations de la pensée. Pour lui, les sciences dites d'observation, mathématiques, philosophie, varient d'objet, non vraiment de méthode, et leur méthode est la contemplation de l'objet lui-même en ce qu'il a d'idéal. « Toute science, « dit-il, examine par quelque côté l'absolu, le « substratum éternel et inconnu du monde phé- « noménal ; tout effort de la pensée a pour objet « de satisfaire la soif insatiable de l'âme qui « veut connaître le fond des choses, retourner à « la source de toute existence et s'y replon- « ger. » Et la profondeur, la sévérité de ses travaux n'ont pas empêché son imagination de l'emporter sur les hautes et subtiles sphères et de lui inspirer des expositions majestueuses, des descriptions poétiques. Cette belle page d'un de ses plus remarquables ouvrages, où perce la préoccupation constante de l'idée divine, est d'un accent presque religieux :

« Sereines harmonies ! Calme des nuits étoi- « lées ! Parfums silencieux des fleurs ! Ombres « croissantes du soir qui descendez sur la terre « comme un manteau ! Esprits des solitudes qui « flottez doucement sur les grèves plaintives et

« sur les hautes mers, dans l'air raréfié des cimes
« alpestres ou dans les détours incertains des
« bois, vous m'avez aussi souvent parlé de Dieu
« que tout ce qui vit et s'agite autour de moi,
« aussi souvent posé le problème de nos desti-
« nées que la curiosité de ma pauvre âme in-
« quiète, vous m'avez appris le renoncement
« mieux que les livres et les docteurs [1]. »

Pendant ses longs mois de séjour au bureau
arabe d'Orléansville dont il était le chef, le commandant Charles Richard [2] a étudié avec un
admirable talent d'observation les mœurs des
Arabes et il a publié sur le gouvernement, la
législation, les mystères des populations musul-
manes, une série de livres pleins d'attraits. Son
esprit profond, aux ressources variées, clair,
familier, fait de science, de droiture et de bonhomie, éminemment français, s'est porté vers
tous les genres d'études. Au temps de sa première jeunesse, il composait des odes et des
élégies ; il s'est plongé ensuite dans les méditations philosophiques, et plus tard son intelligence s'est reposée par des œuvres légères. Ses
petits poèmes en vers libres, imprimés pour

---

[1] *Les Problèmes de la Nature*, par A. LAUGEL.
[2] Ch. RICHARD, officier du Génie, de la promotion 1834.

quelques amis seulement, comme *le Bon Celime*, satire de nos préjugés, de notre ignorance, de nos misères, où quelques aperçus sur la destinée sont disséminés, comme les *Pochades philosophiques*, renferment, en semblant se jouer des règles de l'art, toutes les nuances de l'expression et effleurent parfois la vraie poésie. L'ouvrage très spirituel et très sincère, dans lequel il a su aborder la question délicate de la prostitution [1], exprime des sentiments élevés et généreux, dissimule sous la gaieté du style une honnête indignation pour les opinions, les préjugés et les mœurs du monde, et revendique dans un langage vif et tranchant les droits de la personne humaine. En des pages très vives et parfois éloquentes, il relève les contradictions courantes, il fait honte aux hommes de leurs jugements pratiques, de leurs paroles, de leurs actes en opposition formelle avec leurs prétendus principes, et il proteste hautement contre l'injustice et l'hypocrisie de l'opinion commune et des mœurs. Dans ses petits ouvrages de vulgarisation extrêmement remarquables on trouve, à côté de vives critiques contre l'enseignement des générations actuelles, des pages superbes sur le rôle

[1] *La Prostitution devant le philosophe*, par Ch. RICHARD. Paris, Ghio, 1882, in-12.

civilisateur de la France [1], à la tête des nations
et exerçant parmi elles l'apostolat du progrès.
Mais ce qui lui assure la réputation d'un
esprit extrêmement sympathique et original,
c'est le système de philosophie qu'il a publié
sous le nom de *Philosophie synthésiste* [2].

En étudiant le tracé d'un chemin de fer qui
relierait l'Algérie au bassin du Niger, M. Choisy[3]
a décrit en véritable artiste le désert du Sahara,
tel qu'on le voit de l'Atlas au Pays des Toua-
regs. Il a peint de la façon la plus exacte non
le désert des légendes dont notre imagination
altère étrangement les contours, dont les chants
de Félicien David nous ont laissé une si séduisante idée, mais le vrai désert avec son ciel de
feu, avec ses plaines uniformes, tristes, immobiles
et mortes, avec ses régions accidentées de vallées,
de ravins à pic, de pentes abruptes et de dunes
de sable, avec sa population misérable et clairse-

[1] Ch. RICHARD, *les Révolutions inévitables dans le globe et
l'humanité. — Les Lois de Dieu et l'Esprit humain.*

[2] Voir page 224.

[3] CHOISY, ingénieur des Ponts et Chaussées, de la promotion 1861, fut chargé, pendant l'hiver de 1879 à 1880, d'une
mission au Sahara pour étudier le point de départ de la voie
projetée. C'est à ce moment que le colonel Flatters poussait
vers le Soudan l'audacieuse reconnaissance qu'un désastre
terrible devait si brusquement interrompre.

4*

mée. Il a décrit le paysage désolé, aux teintes insensiblement nuancées, dont le silence n'est troublé durant les nuits glacées que par les aboiements criards des chacals et le miaulement des hyènes, les plaines au tapis de sable fin semées de touffes de thym et d'alfa, les rivières taries, les dunes illuminées de lueurs phosphorescentes, les oasis, îlots d'ombre, de fraîcheur et de vie, où se retrouvent des vestiges de puissantes races nomades disparues, toutes les images lointaines et frémissantes que donne l'illusion du mirage. Il a saisi sur le vif l'Arabe grave, impassible, solennel, tour à tour infatigable et apathique, honnête et pillard, bienveillant et féroce. Son petit livre, fait de souvenirs, de notes de voyage, de menus entretiens, de quelques courtes descriptions, de traits fugitifs de caractère, est d'une simplicité pleine de grâce et tout brillant de lumière et de poésie [1].

Les livres de science et d'érudition de M. Ch. Lenthéric [2], substantiels, encyclopédiques, remplis de dissertations, de détails techniques, de renseignements utiles et pratiques, de cartes,

[1] CHOISY, *le Sahara*. Paris, 1881, Plon.
[2] LENTHÉRIC (Charles), ingénieur des Ponts et Chaussées, de la promotion 1856.

de notes, de plans, de pièces justificatives, sont
en même temps des œuvres littéraires remarquables. L'élément scientifique y occupe une
place considérable, il en est même la base
essentielle ; la géologie, l'hydrographie, la géographie, l'histoire y sont mises tour à tour à
contribution ; mais la science y est là, celle d'un
homme de lettres et celle d'un historien. Une
exposition de faits habilement présentée, des
tableaux pleins de vie adroitement soudés et
d'un effet le plus souvent dramatique, une sorte
de mélancolie se dégageant de la résurrection
des événements passés, la pensée toujours élevée, le style d'une justesse parfaite et d'une
souplesse admirable, l'accent presque poétique
de certaines pages, exercent sur le lecteur
curieux des choses anciennes une profonde
attraction. A côté du savant qui donne la note
grave et sévère, qui scrute, pèse, discute les opinions, accumule les preuves, se révèle l'artiste
qui admire les beautés de la nature, qui sent la
poésie des choses et qui réussit à en rendre
l'expression. Ses ouvrages sur la Provence,
sorte de trilogie où les souvenirs du passé se
mêlent aux descriptions du présent et où revit
tout entier le Midi de l'antiquité et du moyen
âge, ont été, à leur apparition, éloquemment

salués par la critique, consacrés par les récompenses de l'Académie et accueillis par un immense succès dans le public. Des observations de toute nature, des détails précis et minutieux, des vues d'ensemble larges et nettes, donnent le plus vif intérêt à l'explication des phénomènes naturels, tels que le recul successif de la mer devant les alluvions du Rhône, la formation, par les déluges entraînant les rochers des Alpes, des immenses plaines improductives et désolées de la Crau, le lent colmatage par la vase fertilisante du fleuve d'une contrée autrefois couverte d'étangs navigables[1]. La description de cette côte lumineuse de Provence, baignée par la même mer que la baie de Naples tant célébrée par les poètes latins, éclairée et réchauffée par le même soleil, embellie et parfumée par une végétation plus luxuriante encore, brille d'une éclatante couleur. En suivant de ports en ports, d'îles en îles, cette côte aux découpures gracieuses et pittoresques, en parcourant la région où tous les peuples de l'antiquité semblent avoir passé, que les invasions des barbares ont traversée, M. Lenthéric interroge les documents écrits,

---

[1] *La Grèce et l'Orient en Provence.*

les monuments, les cirques, les amphithéâtres,
les arènes ; il étudie les dieux, les légendes, en
essayant de concilier, dans sa foi catholique,
la vérité historique avec la tradition chrétienne,
et il reconstitue l'histoire entière du pays à
travers les âges. Par une habile esthétique, il
s'efforce de dégager la Provence des origines et
de l'influence romaine et de retrouver, à Arles
surtout, dans les ruines de ses monuments d'un
art si délicat et jusque dans la beauté proverbiale
de sa population féminine, les traces élégantes,
légères et harmonieuses du génie de la race
grecque, « race supérieure, quelquefois frivole
« et un peu sceptique, mais fine entre toutes,
« dont l'élégance et le goût exquis feront tou-
« jours l'admiration des esprits délicats et des
« natures distinguées [1] ». Qu'il parle des roches
grises et roses pailletées de mica qui étincellent
au soleil ardent, du sol aux reflets métalliques
qui ressemble à de la poudre d'or et d'argent,
de la végétation exubérante des pins, des chênes-
lièges et des châtaigniers ; qu'il explique la formation des plages et des deltas, le régime des
fleuves et de leurs embouchures ; qu'il nous
fasse assister à l'éclosion et à la ruine de toutes

---

[1] *Les Villes mortes du golfe de Lion.*

les villes littorales nées avec la lagune et disparues avec elle, qu'il dépeigne la vie intense
du conducteur de chameau, qu'il nous montre
les peuplades nomades de l'Orient et du nord
de l'Afrique sans lien, sans cohésion, poussées
par Mahomet vers une civilisation remarquable,
et lancées par lui sur l'Occident, quelques traits
lui suffisent pour faire un tableau ! Il est poète
à sa façon. Il sait mettre dans son œuvre
quelque chose de palpitant. Il excelle à sur-
prendre l'harmonie des choses et à rendre le
concert des voix de la nature. Son talent d'exposition est pittoresque, et sa langue fortement
imprégnée de couleur locale. « Sous sa plume,
« comparable à une baguette magique, » a dit
M. de Pontmartin [1], « ces plages désolées, ces
« nécropoles, ces grèves silencieuses et solitaires,
« ces océans de cailloux, de bruyères et de sable,
« ces cimetières sans tombeaux, ces murailles
« et ces édifices qui ne sont plus que des ruines,
« ont repris leur forme, leur date, leur physio-
« nomie, leur caractère, leur couleur. »

Son *Histoire du Rhône*, présentée comme
celle d'un personnage, au point de vue géogra-
phique, politique, économique et social[2], est un

---

[1] DE PONTMARTIN, *les Semaines littéraires*, 1ᵉʳ septembre 1878.
[2] *Le Rhône, histoire d'un fleuve.* Paris, Plon, 1892.

monument élevé au fleuve majestueux qui va
du Saint-Gothard à la Méditerranée, qui sort de
la montagne, se perd, se retrouve, se précipite
dans la vallée avec une rapidité sans égale,
et s'égare en une masse presque stagnante
avant de se jeter dans la mer. C'est la vie du
fleuve à travers les siècles, celle des villes
échelonnées sur ses rives, celle de la belle
vallée, grande voie historique de la France.
Des passages de ce livre, comme l'histoire de
la ville de Lyon, celle de la Fontaine de Vau-
cluse, le récit de la vie de saint Bénézet, la
description du Palais des Papes à Avignon, sont
de véritables chefs-d'œuvre.

*L'Homme devant les Alpes* est un ouvrage
magistral dans lequel il a présenté le vaste
panorama des Alpes, « cette barrière de hautes
« montagnes, longtemps redoutées, quelquefois
« tournées, rarement franchies, aujourd'hui me-
« surées, traversées, presque conquises [1] ». Il y
a rassemblé tout ce qu'ont écrit sur les Alpes
les anciens et les modernes, les historiens, les
poètes, les géologues, les astronomes, les
météorologistes, les botanistes, les touristes, en
y ajoutant des études sur l'influence qu'elles

---

[1] *L'Homme devant les Alpes.* Paris, Plon, 1896.

ont exercée à travers les siècles surtout au point
de vue de la migration des peuples depuis les
époques préhistoriques. En décrivant les montagnes elles-mêmes, leurs eaux, leurs habita-
tions, les routes de terre, il a fait dans un style
harmonieux et simple, avec un sentiment vrai
de la poésie de la nature, une admirable description des sommets, des cols, des forêts, des
lacs, des prairies, des champs d'avalanches,
des glaciers déserts, des sites merveilleux, de
leur flore si gracieuse, de toutes leurs beautés,
de toutes leurs grandeurs.

Sa haute situation politique, plus, il est vrai,
que son réel mérite littéraire, valut à M. de
Freycinet d'être élu au fauteuil d'Émile Augier.
Cependant ses études d'administration, ses rapports, ses notes, ses *Mémoires* à l'Académie des
Sciences, considérés comme des modèles d'exposition scientifique, avaient depuis longtemps
attiré l'attention par la netteté, la clarté, l'élégance du style. Son talent oratoire, fait d'un
mélange de hardiesse et de réserve, de force et
de dextérité, était universellement proclamé sans
égal quand il s'appliquait aux affaires. Dans
ses discours, a dit M. Gréard, à l'image de son
esprit, circonspect à force de lucidité, « point

« d'emportement, point d'orageux éclairs, mais
« un mouvement régulier et calme, une lumière
« égale et sereine, une pensée toujours conduite,
« soutenue d'un geste sobre qui appuie et qui
« enfonce la démonstration, servie par un organe
« qui porte agréablement chaque intonation aux
« oreilles, une parole abondante sans redon-
« dance, qui jamais ne s'enfle ni ne déborde,
« qui roule entre ses deux rives, pleine, limpide
« et merveilleusement canalisée[1] ». Il y a en
réalité en lui plusieurs hommes, l'ingénieur,
l'administrateur, le philosophe, l'homme politique. L'ingénieur a laissé des rapports sur
les questions scientifiques et industrielles, sur
les questions d'assainissement, en particulier
celui sur le travail des enfants et des femmes
couronné par l'Institut, qui brillent par les
remarquables qualités de la forme. L'administrateur, en 1870, s'est débattu au milieu de
difficultés inouïes, les a vaincues par des moyens
tantôt hardis, tantôt ingénieux, et a contribué
à organiser le Gouvernement provincial et à
armer la nation, grâce au concours sérieux,
efficace, dévoué de ses camarades de l'École
polytechnique [2], sans lequel, suivant la parole

---

[1] *Réponse au Discours de réception à l'Académie française.*
[2] DE FREYCINET, *la Guerre en province.*

de Gambetta, la résistance eût été impossible.
Le philosophe a collaboré longtemps au *Com-
temporain* sous le pseudonyme d'Alceste, et a
publié récemment un *Essai sur la philosophie
des sciences* dans lequel les notions d'espace et
de temps, d'infini et de limite, les propriétés de
la matière, les principes de la mécanique, les
relations des sciences avec l'intelligence humaine
et avec les phénomènes du monde extérieur sont
étudiés dans une langue admirablement serrée
et précise. Le mystère encore inexpliqué de la
gravitation, la théorie de la diminution constante
de l'énergie du système solaire, la croyance en
un univers matériel limité, la réfutation du
déterminisme qui s'appuie sur les lois de la
dynamique pour nier la liberté morale, s'y
trouvent exposés sous une forme aussi élevée
que la pensée même. C'est un tableau magnifi-
quement simplifié de l'état actuel des sciences
transcendantes. L'homme politique, enrôlé par
les électeurs sénatoriaux de la Seine « dans la
phalange scientifique de la république » pour se
vouer à la solution des problèmes d'administration et d'organisation, s'est mêlé avec une activité incroyable au tourbillon des affaires et, de
degré en degré, par une marche méthodique,
est arrivé au premier rang dans le Gouverne-

ment. On peut dire de M. de Freycinet qu'il possédait à la fois l'esprit géométrique et l'esprit de finesse. Il tenait du premier la méthode, l'activité tenace, l'opiniâtreté raisonnée ; il tenait du second une souplesse, une mobilité, une habileté insinuante dont le développement outre mesure a fini par le perdre.

Le caractère commun à toutes les œuvres demi-scientifiques, demi-littéraires, que nous venons de passer rapidement en revue, est le souci constant de la vérité. Hommes de science avant tout, leurs auteurs estiment que la vérité est la condition première et nécessaire du beau. « Sans elle, dit Biot, le style le plus brillant et « le plus harmonieux ne saurait avoir de beauté « réelle, et les écrivains qui suivent aveuglément « le caprice de leurs idées, par ignorance ou « par dédain d'une instruction plus solide, ne « peuvent obtenir qu'un succès peu durable [1]. » L'illustre géomètre Cauchy a exprimé la même pensée dans un manuscrit qu'on a retrouvé. « Ce que nous recherchons, dit-il, ce que nous « aimons à retrouver dans les plus belles pro- « ductions de l'esprit humain, même dans la

---

[1] BIOT, *De l'influence des idées exactes sur les ouvrages de l'esprit.*

« littérature, même dans la poésie, le choix du
« mot propre à exprimer nettement la pensée,
« la clarté du discours, la fidèle peinture du
« genre humain, ne sont-ils pas les éléments
« essentiels de la perfection à laquelle s'élèvent
« les vers de Racine? Les fictions même, pour
« nous plaire, ne doivent-elles pas nous offrir
« une image sensible de la vérité? L'exactitude
« des descriptions, la reproduction fidèle des
« grands tableaux que nous offre la nature
« n'est-elle pas ce qui nous charme dans Virgile
« ou dans Homère? Et sans l'exactitude, sans
« la candeur naïve avec laquelle l'inimitable La
« Fontaine nous raconte, sous des noms supposés,
« notre propre histoire, ses *Fables* auraient-
« elles pour nous tant d'attraits [1]? » Les littérateurs, eux, s'ils ne regardent pas toujours
le vague et l'obscur comme une des conditions du
beau, croiraient souvent rabaisser par l'exactitude
la faculté d'imagination qui a enfanté des chef-
d'œuvre. « En littérature, » dit M. Anatole France,
le maître aujourd'hui incontesté, « l'instinct suffit,
« la science n'y porte qu'une lumière importune.
« Bien que la beauté relève de la géométrie et ne
« puisse être conçue en dehors de l'espace et du

---

[1] **VALSON,** *la Vie et les Travaux du baron Cauchy*, chap. XIV.

« temps, c'est par le sentiment seul que la litté-
« rature en saisit les formes délicates [1]. » Ce
désaccord, plutôt apparent que réel, entre les
savants et les lettrés ne serait-il pas dû à une
analyse incomplète du rôle des différentes facultés de l'esprit dans la production d'une œuvre
d'art ? C'est à cette question que semble répondre
la théorie scientifique du beau présentée par
M. Gauckler [2]. Dans un petit livre d'un style sobre
et d'une grande élévation, il a distingué le premier, parmi les conditions nécessaires à la réalisation du beau [3], celles qui sont variables et
passagères et celles qui ont un caractère fixe et
immuable persistant à travers les âges. Il a étudié le rôle de la raison, qui choisit et ordonne
les formes du sentiment et conduit à l'expression vraie de l'émotion, de l'imagination qui
incarne le sentiment dans les formes et de la
volonté qui réalise l'œuvre. Il a montré, par une
revue rapide du développement historique des
arts, que tous peuvent être considérés comme
des dérivations de deux arts primitifs et être
rangés par conséquent en deux grandes classes ?

[1] A. FRANCE, *le Jardin d'Épicure.*

[2] GAUCKLER, ingénieur des Ponts et Chaussées, de la promotion 1846.

[3] *Le Beau et son Histoire*, par GAUCKLER. Paris, 1873, Baillière.

les arts du temps, la danse, la musique, l'art de la parole et les arts de l'espace, la sculpture, la peinture, l'architecture. Il a dégagé enfin des manifestations multiples de l'art, qui ont répondu au développement progressif des idées sociales et des mœurs, la loi de progrès en vertu de laquelle l'art, objectif à son origine, rendant surtout les expressions reçues du dehors, devient de plus en plus subjectif à mesure que l'homme découvre en lui-même un monde intérieur nouveau et presque sans limite, dont l'expression se mêle de plus en plus à celle du monde extérieur et finit par prendre une place prépondérante. A cette loi, dit-il, l'art d'écrire est soumis comme les autres ; la beauté de la forme dérivant de l'idéalisation de la pensée n'est possible, dans la poésie, l'art par excellence qui embrasse le monde des phénomènes et celui des esprits, aussi bien que dans la prose, le plus difficile peut-être de tous, que si l'idée clairement conçue participe d'une des manifestations générales du vrai. Pour lui, la beauté consiste dans la manifestation, la traduction, l'expression vraie de la vie et de ses évolutions, au moyen de la matière et de ses attributs, la forme et le mouvement ; elle exige comme condition première, immuable, la vérité qui produit en nous le sen-

timent du plaisir et de l'admiration. Nulle
œuvre, nulle expression de la pensée, de la vie,
ne peut produire le sentiment du beau, si la
condition du vrai n'est pas remplie. Ainsi se
trouverait vérifié par la science le précepte :

Rien n'est beau que le vrai, le vrai seul est aimable.

V

L'Université, aujourd'hui hostile à l'École polytechnique, a recruté chez elle au commencement du siècle quelques-uns des hommes qui s'étaient alors associés pour relever les établissements d'instruction et restaurer les études. Guéneau de Mussy et Ambroise Rendu ont travaillé avec ardeur à sa fondation et puissamment contribué à sa prospérité. Renvoyés en 1796, en même temps que quatre de leurs camarades, pour avoir refusé de prêter le serment de haine à la royauté et devenus les habitués des salons de M<sup>me</sup> de Vintimille où fréquentaient Joubert, de Bonald, Molé, Pasquier, Fontanes, Chateaubriand, ils s'étaient trouvés poussés du côté des lettres. Fontanes, qui avait remarqué leur goût pour les conversations littéraires et philosophiques et qui les avait fait admettre au *Mercure de France*, les appela auprès de lui pour l'aider à organiser l'Université. « Ces jeunes hommes,

« préparés par de fortes études, » dit-il à l'Empereur en les lui présentant, « seront les yeux
« et les bras dont j'ai besoin pour remuer la
« grande machine qui m'est confiée. »

Guéneau de Mussy[1] en fut le secrétaire général
et le conseiller ordinaire. On le regarde comme
le fondateur, avec Royer-Collard, de l'enseignement historique dans les collèges. Il a laissé
des écrits d'une remarquable pureté de style,
une admirable *Étude sur la vie de Rollin*[2], une
notice en tête des *Mélanges religieux* de M^lle Na-
thalie Pitois, des discours d'une gravité parfaite, d'une sage mesure, empreints d'une foi
sincère, qui ont été recueillis par Chateaubriand
dans son *Génie du Christianisme*.

Ambroise Rendu[3] a rempli longtemps les
fonctions d'inspecteur général et de ministère
public de l'Université. Il l'a défendue toute sa
vie et il la défendait encore à la fin de sa carrière. Le corps enseignant lui fut reconnaissant
de la lutte énergique qu'il soutint après la
seconde Restauration contre le parti violent qui

---

[1] GUÉNEAU DE MUSSY (Philibert), de la promotion 1795, né
en 1776, mort en 1834.

[2] Paris, 1805, 4 vol. in-12.

[3] Ambroise RENDU, de la promotion 1794, né en 1778, mort
en 1860.

menaçait de tout renverser. L'Académie française n'a pas oublié quelle part il prit à son
rétablissement en défendant avec éloquence et
habileté le projet présenté à Lucien Bonaparte :
« Ceux qui aiment la République veulent sa
« gloire, disait-il ; ils veulent que cette belle
« langue française, la langue des Racine, des
« Fénelon, des Bossuet, des Voltaire conserve
« toute sa pureté ; ils ne veulent pas que des
« barbares la défigurent avec un jargon révolu-
« tionnaire, comme si cet argot farouche n'avait
« pas dû finir avec le 18 brumaire ! » Ses articles
du *Mercure de France* firent triompher le projet
malgré l'opposition la plus vive. Ses ouvrages
sur l'instruction secondaire, ses réflexions sur
les principes généraux d'ordre social et surtout
son *Essai sur l'Instruction publique* [1] témoignent
de ses persévérants efforts pour concilier l'Église
avec la société laïque. Il possédait une connaissance profonde des littératures et des langues
anciennes. Sa traduction d'*Agricola* est la meilleure que l'on possède. Il a donné une traduction nouvelle des *Psaumes* et, dans un savant
ouvrage de droit [2], il a comparé la législation

[1] Paris, 1819, 3 vol.
[2] *Le Prêt à intérêt.*

hébraïque avec le d‥it canonique. D'admirables
lettres écrites à sa sœur [1], un *Robinson*, au
récit naïf et simple, destiné aux enfants des
écoles primaires, nous le montrent pénétré de
cet esprit de résignation religieuse qu'il voulait inspirer à ses jeunes lecteurs, « heureux
de sa condition sur la terre et bénissant Dieu ».

Un autre collaborateur de la rédaction du
*Mercure*, à la fois poète et grammairien, Étienne
de Vailly [2], l'auteur d'un *Dictionnaire de rimes*,
d'une très bonne traduction en vers des *Odes
d'Horace*, d'une édition des *OEuvres choisies de
J.-B. Rousseau*, pour lequel il professait l'admiration la plus grande, faisait partie de cette
pléiade de polytechniciens lettrés qui, alors
que l'École préparait réellement à toutes les
carrières, embrassèrent celle de l'enseignement.

L'Académie française a ouvert ses portes à
deux polytechniciens qui ont appartenu au
monde diplomatique, le baron de Barante [3] et

[1] Ces lettres sont reproduites dans la *notice* consacrée à
Ambroise Rendu par son frère Eugène.

[2] De Vailly (Étienne), né en 1770, était de la promotion 1794;
il a été longtemps proviseur du lycée Napoléon.

[3] Élu, en 1828, en remplacement du comte de Sèze.

le comte de Sainte-Aulaire [1], et à un prêtre de l'Oratoire, le P. Gratry [2].

Prosper de Barante, pendant son séjour à l'École, où il fit partie, avec Valazé et de Ségur, d'une brigade dont de Tracy et de Rou_oux furent les chefs, fréquentait quelques personnes qui s'occupaient de littérature, mais en prenant bien soin, rapporte-t-il dans ses *Souvenirs*, de ne pas se vanter à ses camarades, passionnés pour la science, de ses relations avec des gens de lettres. Quand il commença d'écrire dans la *décade philosophique* et qu'il publia les lettres de M^lle Aissé, de MM^mes de Lafayette, de Villars et de Tencin, il était encore simple employé au Ministère de l'Intérieur. Son *Tableau de la littérature française au* XVIII^e *siècle*, qui inaugura en quelque sorte la critique moderne et auquel collabora, dit-on, M^me de Staël, alors dans tout l'éclat de sa gloire et de sa beauté, parut tandis qu'il était préfet de la Vendée. Ainsi engagé dans la carrière des lettres, il leur consacra tous les loisirs que lui laissèrent les affaires et la politique, depuis le moment où il assistait, « comme à une sorte de drame, » aux séances

---

[1] Élu, en 1841, à la place de Pastoret.
[2] Élu, en 1867, au fauteuil de son camarade de Barante.

du Conseil d'État, écoutant curieusement les
interlocuteurs et recueillant les paroles de l'Empereur, jusqu'aux derniers jours de sa verte
vieillesse. Une série d'ouvrages historiques,
qu'à la vérité on ne lit plus aujourd'hui, une
succession ininterrompue d'études, de traductions, de notices, de fragments, d'écrits de cir-
constance sur les sujets les plus divers, furent
le fruit de ses soixante années d'un travail
infatigable. De ses études premières il avait
gardé peu de goût pour les mathématiques,
mais une habitude de réflexion, une rigueur et
une rectitude de jugement, un sens exact et fin
de l'observation, qui se manifestent dans toutes
ses œuvres. Ce qu'il doit aux sciences, c'est
l'exactitude historique ; on la trouve chez lui
poussée parfois jusqu'à l'exagération, tellement
qu'on lui a reproché de considérer souvent les
faits en eux-mêmes sans tenir compte des circonstances. En cherchant à rendre vivants les
événements qu'il voulait raconter, il se préoc-
cupait moins de faire une œuvre littéraire, c'est
lui qui le dit dans ses *Souvenirs*, que de retracer la vérité selon l'impression qu'elle lui avait
fait éprouver. En sorte que le caractère propre de
ses écrits, comme le P. Gratry le fait admirablement ressortir dans son éloge académique, peut

se définir d'un seul mot : « C'est le discernement du vrai [1]. » Sainte-Beuve n'a pas manqué de remarquer, sous la gravité et la réserve de l'historien, l'empreinte polytechnicienne, et il l'a finement raillée en disant que ce doctrinaire aimable « arrivait sur toute chose avec sa petite théorie qu'il formulait aussitôt d'une manière épigrammatique et courte et dont il ne sortait plus [2] ». Sa conversation n'était pas exempte en effet d'une douce malice, et c'était là un des agréments qu'y trouvaient tous ceux qui l'ont entendu causer. Il y mettait, disent-ils, plus de mouvement que dans sa parole écrite et il s'y élevait à une rare supériorité. Ses récits ont pourtant un réel mouvement dramatique, et l'histoire, telle qu'il a su la présenter, a presque l'attrait d'un roman. Certaines pages des *Ducs de Bourgogne*, comme celles de la bataille d'Azincourt, le meurtre de Jean sans Peur, l'épisode de la Pucelle, sont remplies de couleur et d'émotion. Dans ses *Mélanges historiques et littéraires* on cite, à côté d'une remarquable dissertation sur La Bruyère, une allégorie vivante de Jacques Bonhomme et une charmante petite nouvelle intitulée : *Sœur Mar-*

[1] GRATRY, *Discours de réception à l'Académie française.*
[2] SAINTE-BEUVE, *Notes et Pensées.*

*guerite.* Ses *Mémoires* sont pleins de vivacité et de fraîcheur de coloris. Il n'est pas jusqu'à ses dépêches diplomatiques qui ne révèlent la souplesse et l'habileté de sa plume. Son esprit appliqué, perspicace, plein de tact et de sens, se montre tout entier dans le recueil de ses *Souvenirs*, que son petit-fils a composé avec les notes abondantes qu'il avait amassées sur les hommes et sur les choses. « Juger et raconter « à la fois, manifester tous les dons de l'ima- « gination dans la peinture exacte de la vérité ; « se plaire à tout ce qui a de la vie et du mou- « vement ; laisser au lecteur comme à soi- « même un libre arbitre pour blâmer et approu- « ver, allier une sorte de douce ironie à une « impartiale bienveillance, tels sont, d'après « lui, les traits principaux de la narration fran- « çaise [1]. » On les trouve réunis dans son œuvre, si bien que la formule qu'il a donnée du véri- table talent d'écrivain peut lui être appliquée. « Il savait écrire, parce qu'il savait penser ! »

L'influence des études scientifiques est moins marquée dans les œuvres du comte de Sainte-Aulaire ; cependant elles avaient été pour lui très complètes. Élève-ingénieur de l'École des

---

[1] DE BARANTE, *Préface de l'Histoire des Ducs de Bourgogne.*

Ponts et Chaussées de la rue Saint-Lazare, en
1792, l'un de ceux qui formèrent, deux ans
plus tard, le noyau de l'École centrale des Travaux publics, il avait été classé, après des examens brillants, dans le corps savant des ingé-
nieurs-géographes ; mais il avait abandonné
cette carrière au bout d'une année pour se lancer du côté des fonctions publiques. Son goût
naturel, l'activité de son esprit, la société où il
avait toutes ses habitudes, rapporte son camarade de Barante, qui a été son biographe, le
portaient aux occupations littéraires. Le grand
mouvement de la Restauration l'emporta vers
la littérature étrangère et vers les études historiques. Il a traduit les principaux chefs-d'œuvre
de la littérature allemande, pour laquelle il
s'était pris de passion, l'*Expiation* de Mullner,
l'*Émilie Galotti* de Lessing, le *Faust* de Gœthe,
avec assez d'exactitude, mais sans avoir réussi
à conserver autant qu'il le croyait la couleur de
l'original. L'*Histoire de la Fronde*, dont le duc
de Broglie a loué « l'exposé des événements
« d'une lucidité parfaite et pour ainsi dire
« transparente, la narration vive, simple, natu-
« relle, dégagée de digressions, marchant droit
« au but, d'un pas égal et rapide, l'élocution
« élégante sans recherche, ingénieuse sans sub-

« tilité, correcte sans efforts ; un art qui met
« tout en lumière sans altérer en rien la vérité [1] »,
lui a conquis les suffrages de l'Académie française. Mais l'ouvrage a dû son succès moins aux
quelques portraits assez finement étudiés, aux
récits dont le mouvement et la vie sont très
contestables, qu'à l'intention manifeste de présenter la Fronde comme un essai de royauté
tempérée et constitutionnelle. A la vérité, la
haute situation politique du comte de Sainte-
Aulaire, sa qualité de grand seigneur, lui
ouvrirent les portes de l'Académie, comme à son
aïeul, le marquis, l'auteur du *Quatrain* et des
*Petites Poésies anacréontiques*, bien plus que son
mérite littéraire [2]. On retrouverait peut-être
l'influence des études mathématiques dans le
soin qu'il prenait à composer ses discours par-
lementaires, dans la sagacité d'observation de
ses *Mémoires* et dans la nature de son esprit
indépendant, à qui le paradoxe ne déplaisait pas.

Le P. Gratry [3], prêtre de l'Oratoire, a occupé,

[1] *Discours du duc de Broglie à l'Académie française en
réponse au Discours de réception du comte de Sainte-Aulaire.*

[2] On doit aussi au comte de Sainte-Aulaire une traduction de
la *Chanson d'Antioche*, de Richard le Pèlerin et la publication
de la *Correspondance inédite* de Mᵐᵉ Du Deffant.

[3] GRATRY, né à Lille en 1803, mort en 1873, à Montreux, était
de la promotion 1834.

en 1867, après son camarade de Barante, le fauteuil sur lequel s'étaient assis Massillon et Voltaire. C'est celui de tous nos écrivains dont l'œuvre accuse le plus fortement l'empreinte polytechnicienne. Ses livres, ses discours, ses dialogues, ses lettres, ses compositions philosophiques, fourmillent d'arguments tirés des parties les plus hautes des mathématiques, de l'astronomie et de la physique. Les formules, les citations de Cournot et de Poisson, avec celles de saint Thomas, se mêlent dans tous ses ouvrages à la dialectique, aux élans de l'imagination, aux affirmations de la foi. Sa philosophie, dans laquelle il a pensé atteindre à la rigueur parfaite en faisant appel aux procédés du calcul, présente « un singulier mélange d'exactitude scientifique et de pieuse extase[1] ». Elle a été caractérisée par cette parole d'Edmond Scherer : « C'est Saint-Sulpice enté sur l'École polytechnique. » Jusqu'à l'âge de dix-neuf ans, le futur oratorien avait donné tout son temps aux études littéraires et philosophiques ; il avait remporté d'éclatants succès au Concours général ; il était plein de la vie littéraire. Quand, « éprouvant le besoin de laisser les mots pour

[1] Vitet, *Réponse au Discours de réception de Gratry à l'Académie française.*

« aller aux choses, » il résolut d'apprendre les
sciences, la rupture fut pénible. « Laisser cette
« sève et ces beautés et tout usage de ces belles
« facultés de l'esprit déjà si animées, si fières
« de leurs forces naissantes ! Quitter tout cela !
« Laisser mourir ce feu, ne plus regarder ce
« soleil ! Je faillis reculer, » nous dit-il, « je
« sanglotais dans ma chambre [1]. » Cependant et
au bout d'une année seulement de préparation il
fut admis à l'École avec un assez bon numéro.
Le séjour « dans la froide caverne, pâle demeure
« de l'algèbre », lui fut une épreuve terrible. Le
régime, l'absence de compagnon qui partageât ses
idées, le manque d'harmonie, le vide du cœur,
tout autour de lui devenu sec, aride, géométrique, lui causaient, raconte-t-il, avec son imagination poétique, des souffrances telles « qu'il
« serait mort s'il lui avait fallu vivre comme les
« autres, de craie et de figures géométriques ».
Ses deux années d'étude achevées, après une
courte apparition à l'École d'application de Metz,
il donna sa démission pour obéir à sa vocation.
Une révolution s'était faite alors dans son esprit.
Au mysticisme naturel, aux tendances philosophiques, s'était mêlée la nourriture polytech-

[1] *Souvenirs de Jeunesse.*

nicienne avidement absorbée, et les sciences
exactes allaient être mises par lui au service de
la foi et appelées à lui fournir l'explication du
dogme. La révolution était complète quand il
arriva à l'École normale en qualité d'aumônier.
Il proposait alors aux élèves, rapporte Émile
Saisset, qui était à ce moment sur les bancs, « les
« idées les plus hardies, les plus subtiles, quel-
« quefois même les plus bizarres, comme les
« plus simples du monde, comme l'évidence et
« la vérité même. C'étaient des applications per-
« pétuelles de l'algèbre et de la physique à la
« théologie ; c'étaient des équations, des cercles,
« des ellipses et des paraboles, des miroirs, des
« foyers, des rayons, je ne sais combien d'autres
« symboles ingénieux dont il se servait pour
« figurer les mystères les plus profonds de la
« nature, pour adoucir et simplifier les dogmes
« les plus redoutables ; tout cela avec une har-
« diesse de spéculation, une sincérité de chris-
« tianisme, une subtilité d'analyse, un éclat
« d'imagination, une chaleur de cœur, une exal-
« tation, une finesse et une candeur surpre-
« nantes. On sentait tour à tour le polytechni-
« cien, l'incrédule converti, le prêtre, le savant,
« le mystique et, par-dessus tout, l'homme
« d'ésprit. » Les mathématiques, auxquelles il

devait reprocher plus tard d'habituer l'intelligence à ne pas sonder les principes, à pousser
aveuglément les conséquences, ont fourni au
P. Gratry l'instrument à ses yeux le plus parfait et
le plus merveilleux pour démontrer l'existence de
Dieu. C'est le procédé qu'il appelle « infinitésimal
géométrique ». Il l'expose tout au long dans sa
*Logique*. Il explique comment, en réfléchissant
sur la méthode des infiniment petits, usitée en
algèbre, il a découvert ce procédé principal de
la raison dont il se sert pour révolutionner la
logique et grâce auquel il espère ramener les
savants à la philosophie et de là à la religion.
Il a tiré ainsi une philosophie nouvelle de l'association de la science avec les élans de l'imagination et les convictions du chrétien, philosophie
théologique de l'école de Bonald et de Bautain
qui lui a paru mettre en harmonie véritable la
raison et la révélation. Dans la *Connaissance de
Dieu*, dans la *Connaissance de l'âme*, où les
dogmes religieux semblent découler des sciences
exactes, « plus sages que la philosophie, » il a
convié toutes les puissances intellectuelles à se
rallier à la vérité chrétienne. Dans la *Sophistique contemporaine*, où il a combattu surtout
Hégel et réfuté le livre de Renan, *la Vie de
Jésus*, il s'est efforcé de démasquer l'école des

sophistes d'à présent et de leur opposer la science de Dieu. Dans les *Sources*, sorte de confession mêlée à un ingénieux essai d'analyse morale, son but a été de préparer la réforme du monde. M. Vacherot et Edmond Scherer se sont vivement élevés contre cette philosophie qui appelait l'algèbre au secours de la foi. Émile Saisset l'a rudement réfutée. C'est assurément s'abuser de confondre la méthode infinitésimale des mathématiques avec celle des philosophes. Le P. Gratry a été conduit de la sorte à envisager l'existence de Dieu comme une question d'arithmétique, à traiter le problème de la création du monde comme une conséquence du produit de deux symboles $\frac{\alpha}{o} \times \infty$, l'infini et le néant[1], à expliquer le développement infini de l'homme par la sommation d'une série convergente, à prouver le mystère de la sainte Trinité par la

[1] Le P. ENFANTIN, dans son dernier ouvrage, *la Vie éternelle*, a fait remarquer très judicieusement que cette démonstration ingénieuse indiquait précisément le contraire, puisque pour faire quelque chose avec o il faut préalablement être en possession de $\alpha$ qui désigne une valeur parfaitement déterminée. Le commandant du génie RICHARD, dans son remarquable petit livre *l'Origine et la Fin des mondes*, propose, comme transaction capable de les mettre d'accord, l'explication de la formation des molécules pondérables des corps par l'agglomération des atomes impondérables d'éther.

considération des éléments du triangle et du cercle, à démontrer par des conjectures astronomiques que l'âme de l'homme est immortelle, et même à fixer dans l'espace incommensurable le lieu de l'immortalité ! Mais, en même temps, il a fait servir la connaissance complète qu'il avait de toutes les sciences à l'examen des problèmes de son temps, il a étudié la transformation du monde moderne par l'industrie, poursuivi constamment le progrès avec une impétueuse ardeur, réclamé sans cesse la justice et la liberté pour tous. Son livre *la Paix* est une étude presque politique, où il montre l'impuissance de la force qui a toujours aggravé les crises de notre siècle et laissé dans l'histoire des traces cruelles. On y trouve un tableau de l'état de l'Europe, qu'on nous permettra de reproduire : « L'Europe entière, dit-il, se couvre de citadelles et se barde de fer ; on invente tous les jours, avec la précipitation et l'inspiration de la fièvre, de nouvelles formes de destruction. On multiplie les flottes, on cuirasse les vaisseaux, on en fait des citadelles flottantes. L'Angleterre, pour la première fois dans son histoire, va se ceindre de forteresses. L'Allemagne savante, la Suisse paisible et neutre, s'exercent au maniement des armes. Quant à la

France, elle a depuis dix ans doublé son impôt de guerre, comme l'Angleterre depuis dix ans double le sien. L'Autriche emprunte, la Russie emprunte, le Piémont emprunte, tous, sans excepter les plus petits, tous empruntent et toujours pour la guerre. Le Turc aussi veut emprunter, en présence d'une partie de ses troupes sans solde depuis trois ans. Et ce qui est plus affreux encore que tous les préparatifs matériels, c'est qu'en ce moment même, de tous côtés, la colère gronde, les esprits se divisent avec rage ! » Tableau saisissant dont la vérité nous frappe plus encore aujourd'hui que semble plus proche le gigantesque conflit des nations appréhendé par l'éloquent prédicateur! On pourrait citer beaucoup d'admirables pages inspirées par la sollicitude ardente des intérêts supérieurs de l'humanité qui a poussé le P. Gratry à remuer les questions, à aller se placer au centre des agitations. Convaincu de la nécessité de l'influence scientifique dans l'évolution sociale, persuadé que le Gouvernement de la nation par la nation était la vraie forme politique, il a prédit que des temps meilleurs viendraient où la science, la sagesse, l'esprit d'union et de paix guériraient les maux de nos cruelles discordes, et qu'alors « chaque effort, n'étant plus brisé par un effort

« contraire, l'union centuplerait la puissance
« commune ». Les études profondes dans lesquelles il s'est plongé, l'abus même qu'il a pu
faire « des parties intimes des mathématiques »,
et c'est là ce qu'il nous importe de signaler ici,
« ne lui ont rien fait perdre de ses dons merveilleux, d'émotion, d'enthousiasme communicatif,
de poésie débordante. Sous sa plume, » écrit le
vicomte de Meaux, « la science a perdu la rai-
deur et l'obscurité de ses formes pour revêtir le
vêtement transparent de la plus pure poésie. »
C'est son style, et non sa philosophie, qui l'a
fait admettre à l'Académie française. Le directeur, M. Vitet, répondant à son discours de réception, le lui a dit expressément : « Ce que l'Académie entend aujourd'hui, c'est vous-même,
votre talent, votre personne, et dans votre talent,
j'ose dire, par-dessus tout, peut-être ce qu'il y
a de plus personnel, ce qui vous est vraiment
propre, votre style. Nous nous sentons comme
attirés par ce seul charme de langage, et si, sous
l'agrément de cette forme limpide, nous décou-
vrons un noble cœur, une haute raison, l'esprit
le plus sincère, le plus naïf, le plus amoureux
du vrai, jugez combien l'attrait s'accroît, la sé-
duction devient complète ! Voilà, Monsieur, le
mot de l'énigme, voilà pourquoi vous êtes parmi

nous. » C'est la clarté lumineuse et grave du savant qui a fait du P. Gratry, avec l'imagination naturellement émue, la conviction du chrétien, le souffle ardent de l'apôtre, la physionomie d'écrivain que Saint-Réné-Taillandier déclare la plus originale de la littérature française du xix° siècle.

D'autres polytechniciens ont contribué plus tard, sans soulever comme lui d'ardentes controverses, à répandre parmi les fidèles les idées scientifiques, mais sans avoir eu l'art de les revêtir d'une forme poétique. L'abbé de Broglie [1], esprit éminemment philosophique, très bon logicien, a trouvé l'occasion, aux conférences de la chapelle de Sainte-Valère, aux séances de l'Académie de Saint-Thomas, à l'Institut catholique de Paris, d'appliquer à son enseignement une méthode sévère et un réel talent d'analyse développé par ses études premières. La leçon d'ouverture de son cours d'apologétique chrétienne [2], où l'examen approfondi du conflit apparent de la science et de la religion était suivi d'une magnifique démons-

[1] DE BROGLIE (Auguste-Théodore-Paul), né en 1834, mort en 1895, est entré à l'Ecole en 1815 et sorti dans la Marine.
[2] Cette leçon a fait l'objet d'une brochure intitulée *Science et Religion*. Paris, 1883.

tration de leur accord réel, eut un certain retentissement. Les ouvrages dans lesquels il a développé, avec un véritable don de dialectique, ses idées sur la vie surnaturelle, sur Dieu, la conscience, le devoir, sur la psychologie élémentaire, sur la morale théorique et pratique, sur les éléments de logique et les méthodes scientifiques, sur les problèmes de l'histoire des religions, sur la morale sans Dieu, ont été très appréciés à l'Étranger et ont exercé une grande influence sur les ecclésiastiques de province. Son *Histoire des Religions*, appuyée sur la méthode historique, est remplie d'arguments empruntés aux nécessités de notre temps. *Le Positivisme et la Science expérimentale*[1], son ouvrage de prédilection, véritable essai de réalisme spiritualiste, au dire de M. Paul Janet, a été destiné, dans sa pensée, à réfuter le livre de Taine, *les Philosophes français*, à combattre le positivisme de Comte et le sensualisme de Stuart Mill, et il devait préparer les esprits à recevoir l'enseignement de la philosophie catholique. Tous ses écrits convergent vers l'apologie du christianisme. Il s'y mêle aux doctrines de saint Thomas d'Aquin, aux théories

[1] Paris, 1881, 2 volumes.

scolastiques de la connaissance intellectuelle et de la perception intérieure, des considérations empruntées aux questions moléculaires, aux théories sur la lumière, à toutes les branches de la science moderne. On y retrouve même le pur raisónnement mathématique; mais le style est débarrassé des mots techniques et des formules abstraites. Sa précision et sa transparence n'y empêchent point la chaleur et le mouvement et, dans certains passages, comme celui dans lequel est esquissée la représentation de l'univers, tel qu'on doit le concevoir d'après les découvertes les plus récentes, il se rencontre un souffle puissant de poésie.

VI

Il est certain qu'on ne devient pas écrivain
en se livrant exclusivement à l'étude des mathématiques. Mais, comme l'a fort bien dit M. Joseph Bertrand, « il n'est pas vrai qu'en pénétrant
sur le domaine étroit des vérités démontrées
on se condamne à n'en plus sortir, et que l'habitude de la ligne droite rende l'esprit mauvais
juge des gracieux détours de la fantaisie ». La
faculté d'où dérivent les inventions et les progrès de la science est la même qui fait les poètes
et les artistes. « L'idée de l'infini, proclame le
P. Gratry, qui domine, envahit les géomètres,
les physiciens et les chimistes, qui pénètre dans
les calculs, est l'essence de la poésie, de l'art
en général [1]. » La muse et l'analyse, assure
M. Armand Silvestre, sont loin d'être incompatibles, « c'est la même recherche du rythme

[1] Gratry, *les Sources.*

6*

et de la symétrie, car le vrai et le beau s'expri-
ment toujours par le rythme et la symétrie, par
une harmonie des caractères et des lignes [1].
Sans doute, celui qui reste concentré dans les
abstractions parvient difficilement à avoir un
sentiment prononcé des individualités concrètes,
à évoquer l'image nette des choses et des êtres,
à révéler directement l'idée! Mais celui qui a
été doué en naissant d'une imagination vive
sait conserver dans sa mémoire la trace des
sensations passées et peut trouver plus tard les
formes propres à l'interprétation de la nature,
à l'analyse des caractères, à la peinture des sentiments! Celui à qui, par hasard, sont échues
en don les facultés merveilleuses du poète demeure capable de sentir, de représenter, de
généraliser, de transfigurer les choses ! Les
mathématiques, en montrant le rôle du nombre
sans lequel l'art n'existe pas, en invoquant
l'idée d'harmonies nécessaires, fixent en son
esprit les tendances esthétiques. La méditation
des attractions pures lui communique une
sorte de mysticisme, en même temps qu'elle
développe sa puissance d'observation. Les analyses transcendantes lui servent, en quelque
sorte, de préparation à celles plus délicates des

[1] Préface de l'*Argot de l'X*.

immuables côtés de l'âme humaine. L'habitude de raisonner serré lui donne par excellence la logique qu'Alexandre Dumas estime être la première des qualités indispensables à un auteur dramatique, « celle qui domine et commande ». L'algèbre même lui enseigne un langage clair, simple, sans réticence ni ambiguïté, qu'il serait impossible, déclare M^me Sophie Kavalewski, de faire servir à l'imposture et que Poinsot appelait le langage des honnêtes gens. Or, quelques natures ainsi privilégiées, qu'un goût naturel portait du côté des lettres et qui ont pu s'assimiler une forte nourriture scientifique, se sont rencontrées dans presque toutes les générations polytechniciennes. Celles-là ont abordé immédiatement la littérature proprement dite, la poésie, le drame, le roman. Et ce qui caractérise la plupart de leurs œuvres, c'est une même méthode de composition, une même suite dans les déductions, un même dédain de tout ce qui est contingent, l'absence de sentimentalité, un style précis, sobre de descriptions, sans déclamation.

Fulchiron[1] débuta dans la littérature en 1800

---

[1] Fulchiron (J.-Claude), officier d'Artillerie, démissionnaire, de la promotion 1795, né à Lyon en 1775, mort à Paris en 1859.

par un roman chevaleresque, *Charles et Alma*, et par un petit volume de *Nouvelles* qui eut un certain succès. Le style de ces *Nouvelles* [1], dont la première se passe en Suisse au temps de Charles le Téméraire, la seconde dans le Midi de la France au moyen âge, la troisième dans les déserts du centre de l'Afrique, la quatrième au temps des Croisades, porte la caractéristique du temps, l'emploi du mot propre constamment dédaigné, son remplacement par un équivalent, des épithètes prétentieuses. Ainsi les moines y sont appelés de pieux cénobites, le couvent un paisible ermitage ; la Bretagne est la froide Armorique, le Languedoc l'heureuse Occitanie, le Vivarais la terre des Helviens ; une durée de trois semaines, c'est le temps après lequel l'homme a repris et cessé trois fois ses travaux ; l'argent est le métal si cher aux mortels. Les *Quatre Nouvelles* eurent cependant plusieurs éditions et ouvrirent à leur auteur les portes de l'Académie de Lyon, sa ville natale. Un petit poème sur l'expédition d'Égypte, quoiqu'il contînt des conseils de modération adressés au général Bonaparte, valut au jeune auteur d'être présenté au premier Consul et obtint les suf-

---

[1] *Quatre Nouvelles*, par FULCHIRON : *Treunor et Moïa, Algar et Aïnore, Ermisinde, Clotilde et Boémond.*

frages de Fontanes. Quinze ans plus tard,
Fulchiron aborda le théâtre par la Tragédie.
Déjà, en 1797, il avait fait recevoir *Pizarre*
au Théâtre-Français [1] ; mais les répétitions
avaient dû être interrompues, parce qu'à ce
moment les étudiants sifflaient toutes les pièces
nouvelles, et elles n'avaient jamais pu être re-
prises. *Juvénal des Ursins*, *Argillan*, puis *Saül*,
furent reçus à l'Odéon. Malheureusement, dit
l'auteur, ces pièces ne purent pas être jouées
devant le public : la première, parce qu'elle mal-
traitait fort les Anglais ; les deux autres, en
raison de circonstances politiques. Elles con-
tenaient, à la vérité, quelques beaux passages
et, quoique les caractères y fussent mollement
traités, l'intrigue y était bien et rapidement
conduite. Une scène d'*Argillan*, où le vieux Tan-
crède essaye de ramener le héros qui a quitté
le camp des Croisés par amour de la belle
Elmire, rappelle par la chaleur et la noblesse
une scène semblable de *Zaïre* [2]. Toutes appar-

---

[1] En 1800, il composa la tragédie d'*Ulric* et la même année
*Boémond*.

[2] Voici le passage :

> L'amour ! tu n'en connais que la coupable flamme.
> Il en est un, mon fils, plus digne de ton âme,
> Digne des nobles cœurs, source de leurs hauts faits !
> Aime, mais en guerrier, en héros, en Français !

tiennent au genre en honneur au commencement
du siècle. Les mêmes personnages s'y retrouvent
sous des noms supposés ; l'action se passe
toujours entre un souverain, un guerrier héros
du drame, une princesse amoureuse du guerrier,
un traître et des confidents[1]. Dans les dernières
l'auteur met en scène un personnage qui fait
la leçon aux autres en développant la doctrine
constitutionnelle, l'accord du pouvoir avec la
liberté, l'égalité devant la loi, comme il conve-

> Du vengeur de Sion, qu'une amante, une épouse
> Française, et plus que toi de ta gloire jalouse,
> A tes fils attendris puisse redire un jour :
> C'est aux remparts sacrés qu'il conquit mon amour !
> Sion s'humiliait sous le glaive infidèle ;
> Il vint. Sion brilla d'une splendeur nouvelle !
> C'est ainsi que, le front ceint d'éternels rameaux,
> Un héros doit s'unir aux filles des héros !

On peut encore citer celui-ci de *Pizarre* :

> Trop rarement, seigneur, pour soi-même on conspire.
> Souvent par ces grands coups dont s'ébranle un empire,
> A quelque autre du trône on accorde l'accès,
> Il échappe aux revers, s'arroge le succès,
> Règne, et tout fier du prix d'une audace impunie
> Venge un tyran détruit par plus de tyrannie.

Cet autre de *Juvénal des Ursins* :

> Si d'un peuple volage excitant la licence,
> D'autres osaient du trône ébranler la puissance ;
> S'ils osaient conseiller, d'une coupable voix,
> L'oubli des vieilles mœurs et des antiques lois,
> Qu'ils s'instruisent encore aux larmes de leurs pères,
> A vingt ans de combats et d'affreuses misères,
> Et que, frappés alors d'une sage terreur,
> Ils mesurent l'abîme et reculent d'horreur !

*Notice sur Fulchiron*, par ONOFRIO.

nait à un pair de France sous le roi Louis-Philippe.

Fulchiron a eu plus de succès par ses ouvrages sur l'Italie[1]. Il a jugé les œuvres des maîtres en amateur éclairé, avec un sentiment juste du beau. Il a accumulé des observations précieuses sur l'agriculture, le commerce, les manufactures, la législation, l'instruction populaire et les travaux publics de l'Italie. A la Chambre des députés, dont il a longtemps fait partie, s'il s'est attiré de violentes attaques à cause de ses opinions ultra-conservatrices, sa parole précise et quelquefois énergique a fait autorité par l'accent de l'honnêteté et de la conviction.

Liadières[2], officier d'ordonnance du roi Louis-Philippe, familier des Tuileries, membre de la Chambre des députés, tenait par-dessus tout à passer pour un homme de lettres. Jeune encore, il se fit connaître par des tragédies en vers qui n'étaient pas sans mérite et qui furent représentées avec un certain succès à l'Odéon et au Théâtre-

---

[1] *Voyage dans l'Italie méridionale*. Paris, 1840, 2 vol. — *Voyage dans l'Italie septentrionale*, 1857, 1 vol. — *Voyage dans l'Italie centrale*, 1844, 5 vol.

[2] LIADIÈRES, de la promotion 1810, né en 1792, mort en 1858.

Français. *Conradin*, jouée en 1820, quelques mois après les *Vêpres siciliennes* de Casimir Delavigne, dont elle était pour ainsi dire la préface, a été traduite en plusieurs langues et donnée pendant quelques années en France, en Hollande et dans plusieurs villes d'Allemagne. *Jean sans Peur*, joué en 1821, fut repris en 1825 et remanié plus tard quand de Barante eut publié son *Histoire des Ducs de Bourgogne*. *Jane Shore* fut donnée à l'Odéon en 1826, au bénéfice de Mlle Georges, en même temps qu'une pièce de Lemercier sur le même sujet échouait au premier Théâtre-Français. *Walstein*, tiré des annales de la guerre de Trente ans et imité de Schiller, n'eut que deux ou trois représentations. Ses autres tragédies composées plus tard : *la Suède délivrée*, que Mlle Mars fit recevoir ; *Jean le Parricide*, traduite du *Guillaume Tell* de Schiller ; *Marc-Antoine et Brutus*, traduite du théâtre de Shakespeare, ainsi que deux comédies : *la Tête et le Cœur* et *la Race de M. Jourdain ou le Ridicule à la mode*, ne furent pas représentées. Ses deux comédies en vers eurent un échec retentissant et firent sa célébrité. *La Tour de Babel*, triste production sans intérêt dramatique, qui tournait en ridicule les opinions les plus sincères et prônait l'immoralité poli-

tique au moment où la fureur de la spéculation sur les chemins de fer venait de gagner
toutes les classes, fut conspuée et sifflée à la
première représentation. *Les Bâtons flottants,*
dont l'idée philosophique était de montrer que
le pouvoir, si enviable de loin, n'est rien quand
on le regarde de près, avait la prétention de
retracer les mœurs gouvernementales. Elle
échoua une première fois en 1844 et plus complètement encore à la reprise en 1851. La critique se montra extrêmement sévère. Théophile
Gautier écrivit qu'il ne savait par quel bout
prendre les *bâtons,* ni comment il convenait de
traiter, en homme du monde ou en artiste, « un
« auteur accidentel qui abusait d'une facilité
« banale de rimer de la prose coupée en tranches
« d'alexandrins ». Le style de la pièce est en
effet déclamatoire, la versification contournée, la
rime d'une pauvreté désespérante. On attendait
mieux d'un auteur qui s'était annoncé sous les
meilleures auspices, qui avait longtemps pra-
tiqué les hommes et les choses et qui était
admirablement placé pour bien voir. Cependant
Liadières regardait, lui, toutes ses pièces comme
des chefs-d'œuvre et il pensait bien arriver par
elles à l'immortalité. Son nom figura longtemps
sur la liste des candidats à l'Académie fran-

çaise, mais il ne parvint jamais à réunir les suffrages, malgré l'appui de la cour et des plus puissants personnages. Les petits poèmes qu'on a de lui : *Dioclétien aux Catacombes de Rome*, poésie dithyrambique sur les consolations de la religion ; *Godiva*, légende anglaise du xi° siècle ; *Éva*, légende espagnole ; *le Jeune Plongeur*, ballade allemande, n'ont rien ajouté à sa réputation. Quelques œuvres historiques, une étude sur Louis XIV, une autre sur Vauban, parue dans *la Galerie française*, un recueil de discours et de portraits politiques, un parallèle très sévère et très passionné entre le Gouvernement constitutionnel et le Gouvernement républicain, complètent ses œuvres, qui furent après sa mort réunies en volumes sous le titre d'*Œuvres littéraires*.

Romieux [1], le fameux mystificateur, célèbre par ses folles aventures, ses petits soupers, ses bons mots, ses folles plaisanteries, qui fut successivement romancier, auteur dramatique, journaliste, agent politique, publiciste, historien, et finalement directeur des Beaux-Arts, possédait incontestablement de remarquables qualités

[1] Romieu, de la promotion 1819.

d'écrivain. Il débuta dans la littérature théâtrale quelques années après sa sortie de l'École polytechnique, par un charmant et joyeux vaudeville, *le Bureau de loterie*. Il fit jouer ensuite une comédie en deux actes : *l'Adjoint et l'Avoué*, composée en collaboration avec Alfred de Vailly. Mais son premier et véritable succès fut une pièce imitée de Shakespeare, *Henri V et ses Compagnons*, moitié drame, moitié opéra, dont Adolphe Adam avait arrangé la musique, qui attira tout Paris au théâtre des Nouveautés et eut plus de cent représentations. Il donna ensuite *Pierre et Thomas Corneille, Apollon ou les Muses à Paris, Merinos Beliero*, parodie de *Marino Faliero* de Casimir Delavigne, *Molière au théâtre, le Dernier Jour des folies*, et une foule de pièces, d'à-propos, de vaudevilles, de comédies, de drames, auxquels collaborèrent de Rougemont, de Bayard, Alphonse Royer et quelques autres. Habitué des soupers littéraires de M^lle Mars, Romieux s'était lancé à fond dans le mouvement romantique. C'est lui qui disait qu'il ne devait plus être question de la langue de Corneille, de Racine et de Molière, qu'on allait changer tout cela, « couler en bronze une langue nouvelle ». Joyeux viveur, possédant la gaie science de la conversation, de la bonne humeur, pourvu

d'une large dose de sel attique et d'esprit gaulois, à une époque où l'on causait, où l'on écrivait, où l'on riait, il a publié une série de petits
livres tels que le *Code des honnêtes gens*, le
*Code civil, manuel complet de la politesse*, le
*Code gourmand*, le *Code de la conversation*, dans
lesquels les snobs d'alors allaient chercher ses
réparties, ses bons mots, ses extravagances. Il
savait s'assimiler tous les sujets. Avec Flourens
il s'entretenait de l'instinct des animaux; avec
Leverrier, d'astronomie ; avec de Boucheporn, de
l'Histoire de la terre; avec le maréchal Bugeaud,
de l'armée d'Afrique. Dans ses *Fragments scientifiques* au journal *la Presse*, il excellait à revêtir la science des entraînantes images du style[1].
Il était parvenu à convaincre les plus récalcitrants de ses administrés, dans tous les départements où il fut envoyé en qualité de préfet
par la protection de Montalivet, son camarade
de promotion, que, grâce aux aptitudes d'ancien
élève de l'École polytechnique, il s'entendait
mieux que nombre de ses collègues aux questions spéciales d'administration. Et, de fait, il a
consigné dans un excellent traité une foule de
remarques très justes sur l'administration civile

---

[1] *Romieu*, par Georges GUÉNOT. Paris, Ledoyen, 1853.

de la France, tout en composant, pour charmer les ennuis « de son exil en province », les *Proverbes romantiques* et *le Mousse*, roman voilier du genre mis à la mode par Eugène Suë. Malheureusement, sa mémoire reste chargée de la publication de deux factums d'une violence inouïe qu'il lança après être devenu le familier de l'Élysée. *L'Ère des Césars* développait cette thèse en rappelant au peuple français toutes les transformations de l'Empire romain jusqu'à sa chute, « qu'il y a chez les peuples des moments d'extrême civilisation où l'issue forcée est le césarisme ». *Le Spectre rouge*, évoquant les fantômes sinistres du passé, les ombres menaçantes de l'avenir, fut violemment attaqué, énergiquement défendu, traduit dans presque toutes les langues et étalé sur les tables de tous les salons. Il avait été lancé comme un épouvantail pour effrayer les populations par la perspective des excès révolutionnaires et pour préparer le Coup d'État.

Ni la préparation au Concours de l'École, ni le travail constant, opiniâtre, des deux années d'étude, soutenu par son goût alors très vif et très sincère pour les mathématiques, n'ont refroidi la passion poétique de

M. Armand Silvestre [1]. Il ne se reposait alors des travaux sévères de la science qu'au cours d'Ernest Havet, le professeur de littérature incomparable qui, heureux d'avoir trouvé à l'École un auditoire vibrant à sa parole d'une éloquence exquise et contenue, expliquait avec une voix singulièrement attendrie les beautés des *Chansons de gestes*, du *Roman de la Rose*, de François Villon, aux polytechniciens charmés de ce délassement délicieux. « Je trou- « vais, dit-il, une saveur comme rafraîchissante « à cet entretien hebdomadaire, il ouvrait devant « moi je ne sais quels horizons lumineux, j'en- « tendais enfin parler des poètes. » A peine sorti de « la pâle demeure des mathématiques [2], » devenu l'élève de Théodore de Banville, il chanta dans les *Renaissances* les *paysages méta-physiques*, les *ailes d'or*, les *vestales*, en de petits vers sonores, harmonieux, aux rimes caressantes, la douceur des aubes, l'éveil des jardins, la splendeur des formes, l'ivresse de la vie universelle. Depuis les *Sonnets païens*, dont George Sand a dit qu'ils étaient « l'hymne antique dans la bouche d'un moderne », travaillant sans cesse à se renouveler, il a tenté l'alliance intime, ori-

---

[1] SILVESTRE (Armand), de la promotion 1857.
[2] GRATRY, *Souvenirs de Jeunesse*.

ginale, artistique, de la poésie, de la musique
et des arts plastiques. Sur la vieille légende de
*Griselidis*, il a composé un mystère moderne,
humoristique et pittoresque, vrai régal d'ama-
teurs délicats. Dans *Tristan de Léonois*, il vient
de peindre les farouches emportements de Tristan, les pleurs desespérés d'Yseult, les tendres
supplications d'Oriane, en des scènes magis-
trales, exprimant puissamment de fières pensées,
avec des vers harmonieux, d'une façon dramatique, qui laisse une impression d'art très profonde. L'accent le plus lyrique éclate dans toutes
ses œuvres, dans ses *Sonnets à M<sup>lle</sup> Bartet*, qu'il
n'a publiés que pour quelques amis intimes, où
il a mis le meilleur de son esprit et de son
cœur, dans ses *Contes tragiques et sentimentaux*,
où l'inspiration mystique illumine d'une façon
radieuse et imprévue tous les sujets, exalte la
poésie intime et pénétrante des choses. Il brille
jusque dans les contes grassouillets, les récits
bouffons, dans lesquels il a su retrouver la
vieille gaieté gauloise, merveilleusement habile
à passer, en artiste, « d'une truculence extrava-
gante à la frasque la plus exquise », à faire vibrer,
suivant l'expression de Jules Lemaître, les deux
cordes de la lyre, « la corde d'argent et la corde
de boyau ». Le talent d'Armand Silvestre, d'une

diversité sans exemple, son esprit d'invention toujours en éveil, son lyrisme continu, sa joie sereine, son rire bien portant, ses larmes sincères font de ce polytechnicien, dont l'éducation première avait été consacrée aux lettres anciennes, un des écrivains dont s'enorgueillit à juste titre la littérature du xix° siècle.

Le talent littéraire de M. Denayrouse[1] s'est révélé dès l'École polytechnique. Le professeur de littérature Louis de Loménie, dont l'esprit libre, la bonne humeur, les jugements piquants, les anecdotes gaies, tenaient en éveil l'auditoire fatigué ou distrait, l'eut bien vite distingué parmi les élèves qui venaient le soir après le cours lui demander des explications, des renseignements et des conseils. C'était une de ses plus douces joies de donner lecture en chaire des compositions quelquefois rimées d'une façon charmante de celui d'entre eux qui devait être, à quelques années de là, le répétiteur du cours, et que ses camarades couvraient d'applaudissements. Une jolie bluette, *la Belle Paule*, que M. Denayrouse donna au Théâtre-Français, ori-

---

[1] Louis DENAYROUSE, officier d'Artillerie démissionnaire, de la promotion 1868.

ginale, gaie, d'une grâce juvénile dans ses scènes d'amour, attira sur lui l'attention. Une comédie, *Mademoiselle Duparc*, dont le mouvement, le style, la vigueur du dialogue dénotaient l'instinct de la scène et le vrai tempérament dramatique, emporta le public de haute lutte. Un drame d'une sombre horreur, *Regina Sarpi*, d'un style net, nerveux, rapide, mais dont l'action suivait inflexiblement son cours à travers des scènes pittoresques adroitement amenées, le saisit par l'émotion. « Voici un écrivain sur lequel le théâtre et la critique doivent compter, disait Sarcey, il mène le drame tambour battant à travers tous les obstacles, il relève le drame populaire en y introduisant la langue de la comédie. » Enfin, quelques années plus tard, l'Académie française couronna son poème : *la Poésie de la science*[1].

M. Marcel Prévost[2] était encore ingénieur des Manufactures de l'État, quand les *Causeries* du *Figaro* et du *Gil-Blas* attirèrent sur lui l'attention et quand ses premiers romans, *le Scorpion*, *Chonchette*, *Mademoiselle Jauffre*, *Cousine Laura*,

---

[1] En collaboration avec Jacques Normand.
[2] De la promotion 1882.

élégants, raffinés, mais d'une vigueur parfois brutale et d'une verdeur presque crue, lui conquirent une célébrité qui n'était pas exempte de scandale. L'apparition de *la Confession d'un amant*, ce livre qui doit être considéré, dit-il, comme quelque chose de mieux qu'un objet de « divertissement ou qu'un motif de rêves », suivie bientôt de la publication d'un article manifeste sur le roman romanesque, signala son entrée dans la carrière littéraire. On sait quel bruit fit l'annonce de sa rupture complète avec le naturalisme et la psychologie outrée, tombés tous les deux en défaveur par leurs exagérations systématiques. Alexandre Dumas, s'associant de tout cœur à son œuvre, lui écrivit : « Continuez dans cette voie, c'est la bonne ; vous serez un des ouvriers de la grande révolution qui va se produire très prochainement contre cette éternelle peinture du mal dont nous sommes las jusqu'à la rancœur. » Nous n'avons pas à apprécier ici cette entreprise. D'autres plus autorisés pourront dire si l'auteur de *l'Abbé Pierre*, des *Lettres de femmes*, des *Demi-Vierges*, du *Mariage de Juliette*, du *Jardin secret*, a bien été simplement romanesque. Ils diront si la conduite d'une jeune fille dont l'éducation a été systématiquement réduite au minimum, qui se laisse prendre par un officier

et épouse ensuite sans rien dire son petit ami
d'enfance [1], si la confession d'une mère coupable à son fils qui est prêtre [2], si les coquetteries
d'une institutrice sans avenir, aux inspirations
fougueuses, poussées jusqu'à la limite où com-
mence l'adultère [3], si toutes ces jeunes filles,
qui ne sont rien moins qu'innocentes, ces
femmes insouciantes dominées par l'instinct
sensuel, toutes adultères, sans scrupules et sans
remords, sont des exemples bien faits pour montrer aux jeunes gens « comment il faut aimer
et agir ». D'aucuns, dans cette suite d'œuvres
hardies et troublantes, où le sentiment se mêle
à la sensualité, effarouchant la pudeur en
ayant l'air de poursuivre une étude morale,
ont voulu voir le fruit de l'éducation ecclé-
siastique, une casuistique ingénieuse, experte
à la direction des consciences féminines et
habile à satisfaire le goût du public. « Transfuge
« des mathématiques, » a dit un critique,
« M. Marcel Prévost se venge de leur rectitude
« monotone en portant dans la littérature et
« dans la morale une flexibilité qui se prête
« également aux vues les plus diverses et

---

[1] *Mademoiselle Jauffre.*
[2] *L'Abbé Pierre.*
[3] *Le Jardin secret.*

« qui s'accommode des contradictions elles-
« mêmes [1]. » Les mathématiques nous semblent,
au contraire, lui avoir servi à donner à toute
son œuvre, par une méthode sûre, sans recourir
à aucune formule, une clarté, une limpidité en
quelque sorte scientifique, et à revêtir sa pensée
d'une forme rigoureuse et précise. Il serait aisé
de retrouver les traces de l'éducation polytechnicienne dans ses analyses pénétrantes des
passions, dans ses théories où les femmes à la
fois aimables et perfides nous apparaissent
plutôt comme des abstractions, dans les problèmes qu'il agite sur la fidélité, la jalousie, la
trahison en amour, et jusque dans certaines
expressions, comme celles qu'il emploie pour caractériser le roman positif et le roman romanesque
« distants chacun de la réalité par des écarts
« infiniment petits, l'un un peu au delà, l'autre
« un peu en deçà ». Un algébriste merveilleusement expert et élégant, d'après le jugement de son
camarade M. Armand Silvestre, est demeuré dans
ce romancier qui se distingue si fort de la plupart
des romanciers contemporains, par le peu de
place qu'il donne à la description, se rapprochant
autant que possible dans les lignes qu'il trace

[1] Georges PÉLISSIER, *Essai de littérature contemporaine*,
1893.

avec une sûreté d'épure, de l'immatérialité géométrique [1]. Esprit souple et vigoureux, demandant au raisonnement le dénouement de ses aventures, observateur sagace, préoccupé de déduire, sentimental dont l'un des rêves les plus aimés était, nous dit-il, « de vivre au temps des madrigaux, des soies à fleurettes, des trumeaux, des paniers, avec une âme d'aujourd'hui, écrivain au style charmant de simplicité et d'élégance, dont certaines pages sont d'une grâce insinuante, d'une délicatesse exquise, d'une émotion sincère, M. Marcel Prévost, romancier à la mode, penseur vigoureux, moraliste écouté, est aujourd'hui un maître.

M. Édouard Estaunié [2] a senti la poésie se glisser le long des murailles de l'École jusque dans les mots et les amusements. Aux longues causeries où ses jeunes camarades escomptaient la gloire des épopées prochaines, aux lectures faites le soir dans la salle d'étude, où de temps en temps tombaient des vers d'Ovide ou de Catulle d'un rythme mièvre comme des clochettes [3], son goût littéraire s'est entretenu et développé. Et à peine sorti, du premier coup, il s'est

[1] Article de Silvestre sur *le Jardin secret.*
[2] ESTAUNIÉ (Édouard), ingénieur des Télégraphes.
[3] ESTAUNIÉ, article de *la Vie contemporaine*, du 15 mai 1894.

montré observateur et psychologue d'un talent
viril, consciencieux et puissant. Ses peintures,
peut-être un peu sèches, sont d'une exactitude
et d'une vérité saisissantes. Son style, parfois
heurté, mais net et droit, a la précision des
mathématiques. M. Armand Silvestre a signalé
tout de suite sa logique d'observation, sa
faculté de déduction poussée même à l'extrême.
« La thèse, chez lui comme chez Marcel Prévost,
« dit-il, prend une vigueur qui confine au théo-
« rème, et dans le style même je retrouve le
« sentiment du nombre, non point tant dans le
« rythme musical que dans l'équilibre des mots.
« Il semble que, comme d'une équation, de
« chaque phrase, les lettres inutiles aient dis-
« paru. » Son premier roman, *un Simple*, est
l'histoire d'un garçon de dix-huit ans, taciturne,
très naïf et très bon, d'une sensibilité maladive,
que sa nature a rendu malheureux depuis l'enfance et qui, ayant découvert que sa mère était
coupable, finit par se noyer de désespoir. Le
second, *Bonne Dame*, est le portrait d'une vieille,
énergique et dévouée, d'une imperturbable tran-
quillité, d'une bonhomie suave, véritable ange
de l'abnégation : « Il faudrait peu de chose, a dit
de ce livre M. Faguet, pour qu'il fût une pure
merveille. » Le dernier, *l'Empreinte*, est une thèse

contre l'éducation jésuitique. C'est une analyse pénétrante de l'influence que les Pères exercent sur leurs élèves par l'intimité, la piété, la crainte, l'émulation habilement maniée, la vanité excitée. Le jeune élève de Guy de Maupassant raconte là, on le sent, ce qu'il a vu, et met en relief avec un art très grand l'empreinte ineffaçable laissée par une éducation subtile et complexe. Le mouvement est varié et alerte. A côté de pages émouvantes d'exégèse religieuse, il y a des comparaisons poétiques. C'est un roman supérieur.

Art Roe [1] a déjà un sérieux bagage littéraire. Son livre de début, *Pingot et Moi*, a fait sensation. Il y analysait en des pages vibrantes et passionnées les impressions du jeune officier qui entre au service au sortir des Écoles, qui est heureux de commander à des hommes, de leur appartenir, qui veut faire complètement leur éducation et se dévouer à eux. Depuis, la *Revue des Deux-Mondes* a publié de lui deux nouvelles, *Cousine du Colonel* et *Papa Félix*, plusieurs articles de haute valeur sur le général

---

[1] ART ROE, pseudonyme d'un capitaine d'Artillerie de la promotion 1885.

Dragomiroff et la vie militaire en Russie ; *Sous l'Étendard*, remarquable et palpitant récit de la bataille de Loigny ; *Racheté*, où il a véritablement abordé le roman, rempli de pages émues, de détails charmants, de descriptions admirables de la retraite de 1812. Toutes ses œuvres, au style original, net, simple, expressif et attachant, empreintes d'une sereine et sage philosophie, ont été couronnées de lauriers par l'Académie française.

M. Michel Corday [1] a débuté, il y a quelques années à peine, par des *Contes militaires* formant une série d'études sur l'officier moderne et sur la vie de garnison [2]. En quelques traits justes et d'un singulier relief, il y a décrit le milieu dans lequel il a vécu et qu'il a étudié en observateur impartial. Il y a raconté comment l'être intime des jeunes gens entraînés vers l'armée par la sécurité et le prestige de la carrière est peu à peu et invinciblement transformé par la vie militaire. Toujours prêts à toutes les exigences du métier, soumis sans

[1] Michel CORDAY, lieutenant du Génie démissionnaire, né en 1870.

[2] *Les Bleaux. — Intérieurs d'officiers. — Femmes d'officiers. — Cœurs de soldats*, par Michel CORDAY. Paris, S. Empis.

murmures aux ordres les plus discutables, de
bonne humeur, rudes pour leurs hommes et
pour eux-mêmes, simples, sensibles et tendres
dans la vie privée, constamment agités plus
tard d'une fièvre hiérarchique, leur vie de dévouement et d'abnégation s'y déroule tout entière
dans un monde isolé que la gangrène de l'argent n'a pas encore gagné. Son premier roman,
*Mariés Jeunes*, d'une émotion contenue, met
aux prises, avec toutes les épreuves de la passion et de la vie, dans un milieu parisien et
mondain, un lieutenant de vingt-deux ans et
une jeune fille de dix-huit ans. Son dernier, *Confession d'un enfant du siège*, est le récit de la
vie d'un enfant né pendant le siège de Paris,
élevé dans l'épouvante et la détresse, lancé
sans guide dans le tourbillon du monde avec la
haine du passé, déjà mordu par le scepticisme
et le pessimisme à la mode, et dont l'âme tendre
et délicate, cruellement froissée, se relève par
l'amour et par le travail. Ce livre, plein de sincérité et de bonne foi, effleure toutes les questions du moment.

Lucien Gleize [1], qui a débuté par un roman

[1] Lucien GLEIZE, de la promotion 1885, auteur de: *Chers
Camarades, Cœur dolent, le Comptoir de Madame.*

curieux et suggestif, dans lequel il raillait amè-
rement, et non sans exagération, les travaux, les
espérances, les illusions et les mécomptes de la
vie d'un polytechnicien, a sa place maintenant
marquée parmi les auteurs dramatiques. *Charité*, la pièce satirique, à tendances morales et
sociales, qu'il a fait jouer sur le théâtre des
Escholiers, est remarquable par la netteté de la
composition, un dédain des conventions habi-
tuelles et sa verve incisive. *L'Aveu*, comédie
spirituelle et fine, ironique, pleine de mots
heureux, d'un pessimisme assez accommodant,
se donne en ce moment avec succès sur le
théâtre du Vaudeville.

Le colonel Marchand [1], en racontant une
intrigue légère, a essayé de nous donner une
idée des sentiments d'ardeur, de générosité, de
désintéressement, d'enthousiasme, qui animaient
la jeunesse de 1830 [2].

P. Noel [3] a esquissé d'une touche délicate de

[1] MARCHAND, de la promotion 1830, ancien colonel d'Artillerie, maire de Dijon.

[2] *L'Utopiste*. Paris, Plon, 1889.

[3] Pseudonyme d'un capitaine d'Artillerie, de la promotion
1872.

petits tableaux gracieux de la vie militaire en
Algérie [1].

Pierre Delix [2], l'auteur d'amusants mono-
logues dits par Galipaut, a fait jouer *le Japo-
nais* et *la Candidate*.

Pierre Devoluy [3] a écrit *Boit son sang*; An-
dré Darty [4], *Mignonne* et *Variation sur l'amour*.

Étoupille [5], *l'Épée à l'Académie* et *Péché
d'école*; Haag [6], *le Livre d'un inconnu*; Jacques
Rouché, plusieurs comédies de société, inter-
prétées par les artistes du Théâtre-Français.

A. Gisaide [7], l'auteur d'une pièce tirée d'un
drame de Caldéron et d'une chanson de geste,
vient de publier ses *Poèmes romanesques*, dont
les vers bien martelés, d'une inspiration enflam-

[1] P. Noel, *Aventures de trois canonniers*. Paris, Flamma-
rion.
[2] Pseudonyme d'un ingénieur des Ponts et Chaussées.
[3] Pseudonyme d'un officier du Génie.
[4] Pseudonyme d'un officier d'Artillerie..
[5] Pseudonyme d'un capitaine de l'État-Major.
[6] Ingénieur des Ponts et Chaussées, de la promotion 1863.
[7] Pseudonyme d'un officier du Génie, démissionnaire, aujourd'hui député.

mée, enlèvent l'âme dans un sentiment intense.

Et combien d'autres que nous oublions!

Il semble, depuis quelques années, que le nombre aille s'accroissant tous les jours des polytechniciens qui s'essayent dans la poésie, dans la chronique, dans le roman ou dans le théâtre.

# DEUXIÈME PARTIE

————

## I

On reproche aux mathématiques d'inciter à
poursuivre l'application de leurs méthodes au-
delà des limites de la science positive, à des
questions complexes qui ne portent plus sur les
grandeurs et la mesure et qui leur sont absolument étrangères. Sans rechercher si tous ceux
qui signalent les dangers de ces méthodes
rigoureuses s'en font une idée bien nette [1], il
est permis de remarquer qu'il n'est pas néces-

---

[1] Dans la préface de *l'Étrangère*, A. Dumas tient ce raisonnement :

« Les mathématiques ne peuvent donner la preuve de la
« vérité absolue; autrement, si avec une voiture à deux che-
« vaux je vais de Paris à Saint-Cloud en une demi-heure, avec
« quatre chevaux j'y vais en un quart d'heure, avec huit che-
« vaux j'y serai tout de suite, avec seize chevaux me voilà
« arrivé et même revenu avant d'être parti ! »

saire d'avoir été nourri de mathématiques pour être tenté d'appliquer les procédés du calcul à des choses qui ne sont pas de son domaine, pour vouloir enserrer tous les phénomènes dans des formules, et pour regarder comme vraies toutes les déductions tirées de prémisses avec une logique rigoureuse. Des statisticiens se laissent égarer par les chiffres qui leur fournissent des arguments pour toutes les causes. Les théoriciens de la Révolution française, suivant le mot de Jules Simon, qui, d'ailleurs, n'est pas absolument justifié, ont fait, en partant de piincipes abstraits, de la véritable géométrie politique. Personne n'a su mieux que Proudhon tirer toutes les conséquences d'un axiome jusqu'aux termes extrêmes. Sans doute, on peut abuser des mathématiques. Cela s'est fait de tous les temps, depuis le calculateur fameux qui, bien avant Pythagore, par une supputation attentive des plaisirs et des chagrins causés par l'amour, décida la belle princesse Artémise à rester veuve [1], jusqu'aux illustres géomètres comme Képler, Newton, Jacques Bernouilli, qui ont

---

[1] Il lui prouva que l'attachement le plus parfait entre les personnes les mieux assorties procurait environ treize quinzièmes de peine de plus que de plaisir, c'est-à-dire deux mois de bonheur et de calme complet pour dix d'inquiétudes et de tracasseries.

mêlé les démonstrations algébriques à leurs spéculations philosophiques, et jusqu'au P. Gratry qui a établi les vérités religieuses sur des considérations déduites du calcul infinitésimal. On peut également arriver à violer les règles du sens commun sans avoir jamais été plié au maniement de l'arithmétique ou de l'algèbre, témoin Champfort démontrant par un calcul de progression [1] l'absurdité du préjugé de la noblesse héréditaire, ou Chateaubriand prouvant le mystère de la sainte Trinité par les anciennes vertus pythagoriques du nombre trois dans toutes les fictions mythologiques. L'abus du syllogisme ne favorise-t-il pas le sophisme? L'induction philosophique n'a-t-elle pas conduit aux rêves les plus nombreux? La plupart des systèmes qui ont renouvelé, sous des dénominations différentes, les dissertations scolastiques sur Dieu, l'âme, l'autre vie, sur le

---

[1] « Un fils n'appartenant que pour moitié à la famille de son père et pour l'autre à celle de sa mère, la part du père est seulement de un quart sur son petit-fils, d'un huitième sur son arrière-petit-fils, d'un seizième à la génération suivante, ensuite d'un trente-deuxième, et progressivement ainsi. Par conséquent, tel qui est aujourd'hui chevalier de Cincinnatus ne participe au bout de neuf générations, qui embrasse environ trois cents ans, que pour un cinq cent douzième dans les chevaliers existant alors. » (CHAMPFORT, *Considérations sur l'ordre de Cincinnatus*).

monde qu'il nous sera à jamais interdit de connaître, a dit M. Anatole France, « ne tiennent que par le mortier de la sophistique [1] ». L'étude des mathématiques, quand elle a été poussée à fond, apprend du moins que le calcul n'est qu'un instrument, qu'il porte sur des nombres, c'est-à-dire des signes, et non sur des objets réels, qu'il n'est pas toujours applicable aux phénomènes naturels. Cette étude enseigne que toutes les propositions déduites d'une proposition première ne doivent pas être regardées comme vraies; mais que les conclusions des opérations ont constamment besoin d'être vérifiées par l'expérience. En astronomie, en géométrie, en mécanique, en chimie, dans toutes les sciences concrètes, on s'aperçoit qu'on est obligé d'introduire des définitions à la place des choses, de substituer aux faits sensibles d'autres faits plus simples qui ne le représentent qu'avec une certaine approximation, et l'on est averti ainsi qu'un problème mis en équation, résolu même, ne conduit qu'à des lois empiriques, à des expressions approchées des phénomènes. L'esprit devient par conséquent attentif, circonspect. Il s'habitue à marcher pas à pas, à comparer les idées avec la réalité, à contrôler

¹ A. FRANCE, *Vie et Opinions de Jérôme Cogniard.*

les résultats par l'observation, à compter toujours, dans la pratique, sur ce qu'on a appelé
les résistances passives. «.Nous devons nous féli-
« citer d'avoir pu tremper nos lèvres à ces
« sources de la science pure, disait l'un de nos
« plus éminents ingénieurs à ses camarades.
« Elles nous ont imprégné de leur esprit de
« rigueur et de précision, de leur art de conduire
« les raisonnements et les recherches par des
« voies plus fécondes et plus sûres que celles
« de la logique scolastique. Par leur difficulté
« même, elles ont exercé notre esprit aux diffi-
« cultés futures en lui donnant l'habitude des
« méditations prolongées et la persévérance
« opiniâtre dans le travail [1]. » Les concepts
mis sous les premiers pas qu'on fait dans la
science, tels que le nombre, l'espace, le temps,
la force, entraînent dans le champ de la métaphysique les esprits qui veulent s'en rendre
compte, et d'autant plus peut-être que leur
degré d'aptitude aux études abstraites est plus
grand, physique. Il est heureux que cela soit
inévitable ! Un mathématicien à l'esprit extraor-
dinairement positif l'a dit, « cette acceptation
motivée du merveilleux nous ouvre par cela
seul les horizons larges, elle transporte allé-

[1] SURREL, *Discours à la Société amicale.*

8

grement notre intelligence dans les régions supérieures, et cet appui sur le mystère a, en tous sujets, les conséquences les plus pratiques, les plus libres de toute obscurité[1] ». C'est ainsi que les intrépides chercheurs de problèmes, quand ils ont acquis la science nécessaire, n'hésitent pas à se lancer, au-delà des subjectivités mathématiques, dans les généralisations les plus élevées pour essayer de résoudre le problème de la destinée. C'est ainsi que tant de polytechniciens se rencontrent parmi les constructeurs des systèmes philosophiques les plus hardis. Les uns mêlent les théories mathématiques à l'empirisme, au mysticisme et à l'altruisme. Les autres essayent de réunir dans un mirage de symboles tous les principes d'attraction et d'amour, rêvant de conduire notre planète à la phase d'harmonie. Ceux-ci enserrent dans une loi générale toutes les relations naturelles jusqu'à la limite des recherches de l'observation et tâchent de régénérer l'individu par la foi. Tous s'efforcent d'intégrer les éléments sociaux d'activité, de paix, de bonheur, dans l'espoir de constituer la félicité sociale !

[1] Barré de Saint-Venant, *Note à l'Académie des Sciences*, du 17 juillet 1876.

## II

Saint-Simon avait eu, presque dès l'origine,
des rapports avec l'École polytechnique nais-
sante. En 1797, ayant résolu de refaire son éducation par l'étude des sciences physiques, il
était venu se loger en face du Palais-Bourbon,
où l'École était installée. Monge, qu'il avait
connu à Metz après son retour d'Amérique,
l'avait mis en relation avec les professeurs, et
il s'était lié d'amitié avec plusieurs d'entre eux.
En même temps, il avait ouvert des cours gra-
tuits sur les matières du programme d'admission, et c'est ainsi que plusieurs jeunes gens,
qui devinrent plus tard des savants distingués,
lui durent de pouvoir continuer leurs études.
Dans le nombre se trouvait l'illustre mathématicien Poisson, pour qui il avait une affection
paternelle et aux dépenses duquel il fournit
pendant trois ans. Plus tard, Saint-Simon quitta
le voisinage de Polytechnique pour celui de

l'École de Médecine et des Physiologistes. Devant
l'insuccès de ses premiers ouvrages de philosophie sociale, il avait renoncé à convaincre les
« arithméticiens et les algébristes », et il semble
que ce soit particulièrement les élèves de Polytechnique qu'il vise dans cette virulente apos-
trophe :

« Toute l'Europe s'égorge, que faites-vous
pour arrêter cette boucherie ? Rien. — Que
dis-je ! C'est vous qui perfectionnez les moyens
de destruction ; c'est vous qui dirigez leur
emploi ! Dans toutes les armées, on vous voit à
la tête de l'artillerie ; c'est vous qui conduisez
les travaux pour l'attaque des places. Que faites-
vous, encore une fois, pour rétablir la paix ?
Rien. — Que pensez-vous faire ? Rien. — La
connaissance de l'homme est la seule qui puisse
conduire à la découverte des moyens de concilier les intérêts des peuples, et vous n'étudiez
point cette science. Vous n'en avez recueilli
qu'une simple observation, c'est qu'en flattant
ceux qui ont du pouvoir on obtient leurs
faveurs, on a part à leurs largesses. Quittez la
direction de l'atelier scientifique ; laissez-nous
réchauffer son cœur qui s'est glacé sous votre
présidence, et rappeler toute son attention vers
les travaux qui peuvent ramener la paix géné-

rale en réorganisant la société. Quittez la présidence, nous allons la remplir à votre place [1]. »

C'est pourtant vers ce moment qu'il se lia
avec Auguste Comte, polytechnicien de la promotion 1814, qui avait été licenciée en 1816.
Comte se trouvait depuis deux ans à Paris sans
carrière. Le fondateur du positivisme, déjà
connu comme un mathématicien remarquable,
doué d'aptitudes très actives et très vastes,
versé dans l'histoire et avide d'entrer dans la
politique spéculative, devint bien vite son ami
et son collaborateur. L'affection fut profonde
entre le maître et l'élève, mais souvent troublée
et ne dura pas. Littré a dit avec détails les dis-
sentiments et les divergences de vues qui amenèrent, entre ces deux hommes d'un commerce
assez difficile, d'abord un refroidissement, puis
des chocs d'amour-propre, enfin, au bout de
six années, la rupture définitive [2].

En 1825, lorsque Saint-Simon, réduit depuis
longtemps à l'impossibilité matérielle de continuer sa mission sociale, ayant déjà recouru

---

[1] SAINT-SIMON, *Mémoire sur la science de l'homme*, 1813.

[2] Elle éclata en 1824, quand le *Système de politique positive*
d'Auguste Comte, sur lequel Saint-Simon avait fait des réserves deux ans auparavant, fut reproduit dans le troisième
cahier du *Catéchisme des Industriels*. L'élève, à partir de ce
moment devenu maître, ne releva plus que de lui-même.

au suicide, accablé de dettes, mourait dans la misère en disant : « L'avenir est à nous ! » c'est un autre polytechnicien qui se trouva prêt à se charger du fardeau apostolique.

Enfantin, entré à l'École en 1813, s'était distingué, le 30 mars 1814, par sa belle conduite à la barrière de Vincennes. Après le combat, il avait suivi à Fontainebleau le bataillon des élèves qui se dirigeait vers la Loire, et, au moment de la rentrée des Bourbons, il avait donné sa démission. Pendant les Cent-Jours, il avait repris un instant du service auprès de son parent, le général Saint-Cyr, puis il avait embrassé la carrière commerciale. Après plusieurs voyages à travers l'Europe, il était revenu à Paris, en 1823, pour se livrer entièrement aux études spéculatives. Il avait manifesté de bonne heure un goût particulier pour les problèmes économiques et financiers, et les voyages n'avaient fait que développer ce goût. L'année même de son retour, il avait rédigé deux mémoires restés inédits : l'un adressé à l'Académie de Lyon sur une question d'économie politique, l'autre adressé à M. Dumont, de Genève, sur les ouvrages de Bentham. Il avait entretenu des relations suivies avec M. Laffitte au sujet d'un projet de conversion des rentes, projet dont le principe a été depuis consacré par plus d'une loi.

Il n'avait vu qu'une fois Saint-Simon, à qui il avait été présenté par Olinde Rodrigues, qui l'avait fait souscrire au *Catéchisme des Industriels*. Il était absent le jour des funérailles ; mais, dès le lendemain, il prenait en main la succession du maître. Immédiatement décidé au rôle d'apôtre, il comprit quel secours puissant et efficace pourraient lui prêter les polytechniciens, à la fois par leur intelligence scientifique et par cette sorte de disposition religieuse qu'ils puisent dans leur fraternelle camaraderie. Au cours de ses voyages, il avait rencontré plusieurs d'entre eux, qui s'adonnaient comme lui aux études philosophiques. A Lausanne, il s'était lié avec Pichard, ancien officier d'artillerie de la promotion 1807, retiré, depuis les traités de 1815, en Suisse, sa patrie, où il publiait un *Essai sur le système d'Helvétius*. En Russie, il avait connu les ingénieurs Raucourt, Lamé, Clapeyron, qui s'y trouvaient en mission, et il avait organisé avec eux des soirées hebdomadaires où, pendant tout un hiver, « on s'était donné du Laromiguière, du Cabanis, du Condorcet, du Volney, de la physiologie et de l'idéologie » ; chacun faisant à tour de rôle un rapport sur quelque ouvrage de l'un de ces maîtres ou sur une question d'économie politique [1]. De retour à Paris, il retrouva des camarades de promotion et engagea une correspondance suivie avec quelques-uns d'entre eux, particulièrement avec Drut et Lecamus, qui avaient été ses voisins de salle à l'École. Il entreprit de les endoctriner tous, de les gagner à la foi saint-simonienne, de leur apprendre à étudier toutes les questions intéressant la société humaine « avec la lorgnette ou la loupe de Saint-Simon ». A son ami Picard d'Avignon, qui était parti pour Saint-Pétersbourg et qui le tenait au courant des progrès de ceux qui n'avaient pas « cessé de couver là-bas les idées saint-simoniennes », il écrivait un peu plus tard : « Que Lamé fasse comme à l'ordinaire, qu'il vérifie et qu'il redresse par le calcul les prévisions de Clapeyron ! Et vous, soyez entre eux deux pour entretenir le mouvement alternatif de l'analyse et de la synthèse. Avec une pareille trinité, vous pouvez aller loin [2]. » La conversion n'allait pas d'elle-même. A Lecamus, qui ne voulait pas « donner tête

[1] Lettre à Pichard.
[2] Lettre à Picard, du 15 août 1829.

baissée dans le mouvement », il écrit : « Je te
prie d'examiner, d'étudier, de discuter sérieu-
sement nos idées... J'ai toujours fait appel à ton
amitié pour te décider à examiner si l'un des
hommes que tu aimes le plus travaille avec
ardeur à une utopie, au lieu de traiter les véritables destinées de l'humanité... Je t'accablerai
de doctrines jusqu'à ce que tu me dises que tu
y renonces, après examen... Je voudrais pouvoir
te dire : « Mon fils, ton père t'embrasse. »

Lecamus resta des années sans lui répondre,
et Pichard, mal convaincu, ne cessait de l'in-
viter à abandonner les choses à leur cours naturel, « à laisser l'eau couler, » suivant sa
figure favorite. Mais, à Paris, des conversions
importantes avaient été opérées, entre autres,
celles des ingénieurs des Mines Transon,
Cazeaux, Bineau ; celles-là, il les regardait
comme des trophées « qui le consolaient de
bien des petites douleurs[1] ».

Il organisa, le vendredi soir, dans son appar-
tement de la rue des Jeûneurs, des réunions
auxquelles tous les polytechniciens présents à
Paris furent conviés. Duhamel, Mellet, Léon
Talabot, tous trois de sa promotion, y vinrent

[1] Lettre à Edmond Talabot.

des premiers. Puis vint Jean Reynaud, élève à l'École des Mines, dont il avait fait la connaissance l'année précédente à l'occasion de la souscription ouverte à l'École pour venir au secours de la Grèce[1]. Armand Carrel lui amena Michel Chevalier, Transon et Cazeaux, tous les trois ingénieurs de la même promotion (1823); qui habitaient la même maison qu'Enfantin et qui avaient témoigné le désir d'être présentés. Les premiers admis amenèrent leurs camarades. Ainsi vinrent tour à tour le capitaine d'Artillerie Hoart, amené par Hippolyte Carnot, qui lui-même s'était fait présenter par Laurent de l'Ardèche; puis, l'ingénieur des Mines Bineau, de la promotion 1827; puis, Chapert (1813), et quelques autres encore. Ces ouvriers de la première heure travaillaient, sans chefs officiels, à un mouvement d'expansion silencieux, sans se soucier du grand public. L'organe de la doctrine était *le Producteur*, dont les premiers articles, ceux d'Enfantin et surtout ceux d'Auguste Comte sur la liaison philosophique des sciences et leur application politique, furent très remarqués.

[1] Les chefs des deux promotions présentes étaient venus trouver Enfantin, mais la souscription n'avait pas eu de suite, « parce que l'École voulait absolument donner des armes, tandis qu'on n'avait besoin que de charpie et de médicaments ».

Ces premiers adeptes n'écrivaient pas tous
dans le journal ; mais tous le lisaient, le
faisaient lire avec sympathie à leurs amis, à
leur famille, partout où s'étendait le cercle de
leurs connaissances[1]. Bientôt les réunions devinrent si nombreuses que la chambre d'Enfantin
se trouva trop petite et qu'il fallut chercher
deux autres salles, rue de Taranne et rue Vi-
vienne. Des ingénieurs des Mines, des ingénieurs
des Ponts et Chaussées, des officiers du Génie et
d'Artillerie, venaient en foule aux réunions
privées qui se tenaient le mardi, le jeudi et le
samedi dans le grand et beau salon de l'ancien
hôtel de Gèvres (entre la rue Monsigny et le
passage Choiseul).On y tenait des conversations,
des discussions particulières et générales ; on y
faisait quelquefois des lectures ; plus souvent,
des orateurs éloquents et convaincus agitaient
devant ce public d'élite des questions de morale
sociale que nul n'avait encore songé à se poser :
comment assurer le bien-être des prolétaires, et
comment le Gouvernement devait passer aux
mains de la science pour le bénéfice du plus
grand nombre. Plus d'un auditeur, qui était
venu, dans un esprit religieux, demander au

---

[1] Hippolyte CARNOT, *Mémoires sur le Saint-Simonisme.*

saint-simonisme un symbole, une morale, un culte à la hauteur des progrès scientifiques, frappé et convaincu par cet enseignement doctrinal, confessa sa foi et se déclara prêt, pour en assurer le triomphe, à sacrifier les avantages du présent et de l'avenir. L'École polytechnique devenait le foyer de la nouvelle religion : « Il faut, disait Enfantin, qu'elle soit le canal par lequel nos idées se répandront dans la société ; c'est le lait que nous avons sucé à notre chère École qui doit nourrir les générations. Nous y avons appris la langue positive et les méthodes de recherche et de démonstration qui doivent aujourd'hui faire marcher les sciences politiques. » Et les initiations allaient se multipliant rapidement parmi les élèves.

Quand la révolution de 1830 éclata, elle avait fourni les principaux apôtres et l'armée de missionnaires qui allaient donner aux idées saint-simoniennes, servies par les circonstances, un mouvement d'expansion immense. La confiance d'Enfantin, manifestée dans ses entretiens et dans ses écrits avec une audace toujours croissante, ne connut plus de bornes lorsque *le Globe* passa entre ses mains. Pressentant quel nouvel élan ce puissant organe allait donner au prosélytisme, et mettant l'enthousiasme jusque

dans le calembour, il écrivait à Michel Chevalier : « A nous ! Michel, vieux voltairien, arrive ! Tu vas avoir à faire ! Saint-Simon te dit
par ma bouche qu'à l'exploitation de l'homme
par l'homme doit succéder l'exploitation du
Globe.... Je te le donne, il est à nous ! » Les
polytechniciens donnèrent alors des preuves
éclatantes de la sincérité et de l'ardeur de leur
foi. Fournel, placé depuis peu à la tête des
usines du Creusot, écrit à Enfantin : « Disposez
de moi ! » et accourt à Paris en se faisant précéder par une lettre qui met toute sa fortune
à la disposition de l'église. Jean Reynaud,
abandonnant sa carrière à l'appel de Transon
qui avait été son initiateur, quitte la Corse, où
il remplissait les fonctions d'ingénieur des
Mines, et écrit à Enfantin : « J'ai entendu mon
Père qui me disait : « Venez ! » et je viens. » On
ouvrait des écoles sur plusieurs points de Paris,
à la salle Taitbout, à la salle du Prado, à la
Redoute. On organisait des centres d'action en
province, à Toulouse, à Castres, à Metz, et
jusque dans l'armée d'Alger. Fournel donnait
chaque semaine une leçon de deux heures à un
auditoire d'ouvriers. Transon tenait, avec un
camarade, des réunions régulières où il répétait
aux ingénieurs des leçons de l'année précédente.

Bigot, officier du Génie, se chargea d'aller développer en Algérie les germes de doctrine que Lamoricière et Chabaud-Latour y avaient emportés.

On envoya des missionnaires dans les départements : Reynaud à Lyon, Carnot à Meaux, Lambert à Rouen, Hoart à Toulouse. Margerin fit partie d'une importante mission qui devait porter la parole en Belgique. On fit des conférences à Bruxelles et à Liège, mais sans succès ; le clergé ayant ameuté la population, les missionnaires se virent pendant deux jours assiégés dans leur maison. A Lyon, J. Reynaud, « esprit fier et tendre, en qui la science et la poésie se trouvaient unies [1], » parlant à des milliers d'auditeurs, une fois sur la propriété, une autre fois sur Dieu, les remplit d'admiration pour son talent et de sympathie pour la doctrine. Michel Chevalier, Transon, Jean Reynaud, Fournel, Lambert, maintenant entrés dans le *Grand Collège*, étaient les orateurs habituels de la salle de la rue Taitbout, où des prosélytes de toutes classes affluaient, attirés par la nouveauté et surtout par la générosité des idées. Les prédications y étaient devenues quoti-

[1] LEGOUVÉ, *Soixante ans de souvenirs.*

diennes ; on visait à les rendre vulgaires et
simples pour les ouvriers, poétiques et animées
pour les artistes, sévères et précises pour les
savants. Jean Reynaud passait en revue les philosophies, montrait la marche de l'humanité,
indéfiniment perfectible, vers un avenir toujours meilleur. Lambert abordait les hautes
spéculations de la science. Michel Chevalier
retraçait les grandes époques historiques, mar-
quait le rôle des inventeurs et des conquérants
organisateurs, célébrait les siècles de progrès,
et annonçait l'éclosion d'une ère pleine de ma-
gnificence [1].

Transon, très avancé dans la doctrine, était
le plus écouté. Cinq de ses discours, dans lesquels il traitait de la religion, de Dieu, de
l'humanité, de l'héritage, sont adressés aux
élèves de l'École polytechnique : « Comme vous,
Messieurs, leur disait-il, nous avons su le calcul
différentiel et intégral ; nous avons appris la
mécanique et l'astronomie, la physique et la
chimie. Par-dessus vous, nous avons étudié la
géologie, la minéralogie, la docimasie, la mé-
tallurgie. D'ailleurs nous avions senti dès longtemps tout le vide et la contradiction des reli-

_______________

[1] Hippolyte Carnot, *Mémoires sur le Saint-Simonisme.*

gions anciennes, et désormais nous ne pouvions croire au Dieu invisible des chrétiens et à un enfer, non plus qu'au Jéhovah des Juifs, ou bien au Jupiter tonnant des Grecs et des Romains. Aussi, Messieurs, quand, après tout cela, vos anciens viennent professer devant vous ; quand ils viennent vous parler de culte, de dogme, de religion, vous devez croire qu'ils ont de grandes choses, des choses nouvelles à vous dire. Quand tous les liens de la société se relâchaient, lorsque, dans le monde, la sphère des affections s'était rétrécie jusqu'à ne plus comprendre que celles de la famille, l'École polytechnique s'est montrée profondément religieuse. Elle était religieuse, puisque tous les élèves se sentaient liés, unis, puisque tous étaient frères. Elle était religieuse, puisqu'au-dessus de cette fraternité sainte elle acceptait avec joie la hiérarchie fraternelle des hommes qui lui avaient consacré leurs soins et leurs veilles ; puisque, surtout, elle applaudissait toujours à l'élévation des hommes dans son sein ou au dehors, lorsque cette élévation n'était due qu'au mérite. Cette hiérarchie dont on vous a transmis au moins le touchant souvenir, cette fraternité qui vit encore parmi vous, enfin cette élévation, selon le mérite, qui fait toujours votre ambition, nous vous appelons, Messieurs, à les réaliser dans la société humaine tout entière. Messieurs! mes frères, puisque nous avons une mère commune, quel que soit le nombre de ceux qui m'entourent, jamais, depuis que l'École polytechnique existe, un objet plus magnifique n'a réuni ses enfants [1]. » Son dernier discours était un appel entraînant aux chrétiens, aux royalistes, aux libéraux : « Venez tous, disait-il, écoutez des paroles de paix et de concorde ! Saint-Simon a commencé l'ère nouvelle où la vertu, non plus que la valeur, ne se mesurera sur la force du coup de sabre ou sur l'adresse à pointer le canon; ce ne sera plus ni la science ni la force qui détruisent, mais la science et la force qui créent, produisent et conservent, la science de Monge, de Lavoisier, de Bichat, de Cabanis, la force de Watt ou bien de Montgolfier ! »

Michel Chevalier et Cazeaux dirigeaient *le Globe*, devenu l'organe officiel de la doctrine. Ce journal traitait les questions politiques du moment, signalait tous les indices d'avenir, étudiait l'organisation industrielle et scientifique telle qu'elle doit être dans une société

---

[1] TRANSON, *Premier discours sur la Religion.*

active et pacifique. Pendant dix-huit mois, Michel Chevalier porta à lui seul presque tout le poids de la direction. Il avait toutes les qualités nécessaires pour la prédication écrite, la chaleur de style, la verve infatigable, une puissance de travail peu commune. Ses premiers articles sur la *Marseillaise du Travail*, sur *Dieu architecte des Nations* firent sensation. L'exposé de son projet des voies de communication par chemin de fer est prophétique. Il annonçait que l'introduction, sur une grande échelle, des chemins de fer sur les continents et des bateaux à vapeur sur les mers, serait une révolution, non seulement industrielle, mais politique. *Le Globe* lui dut son succès, succès si grand qu'on prit, au bout de quelque temps, la mesure audacieuse de supprimer l'abonnement et de l'envoyer à quiconque en témoignerait le désir. « Nous ne doutions de rien, dit Hippolyte Carnot, nous nous croyions à la veille de conquérir le monde. » Ce fut le moment de l'apogée du saint-simonisme.

Lorsque, peu de temps après, Enfantin, imbu du sentiment qu'une mission providentielle lui était réservée, et enfonçant de plus en plus le saint-simonisme dans les voies dangereuses d'un mysticisme qui menaçait la famille même, se sépara de Bazard, et que la scission fut complète entre les deux chefs jusque-là incontestés, les adeptes polytechniciens restèrent fidèles à leur ancien camarade. Jean Reynaud seul fut du petit nombre de ceux qui accompagnèrent Bazard dans sa retraite. Transon démontra dans plusieurs discours que l'évolution qui s'était produite déplaçait simplement quelques hommes sans rien enlever à la puissance des idées, sans apporter la moindre altération dans la tradition du maître. « L'apostolat saint-simonien, disait-il, est entré dans une voie nouvelle ; il ne nous suffit plus d'enseigner, nous allons réaliser... Fonder le culte, organiser l'industrie, donner aux femmes qui sont déjà avec nous et à celles qui nous approchent la force qui leur est nécessaire pour unir leur instruction et leur voix à la nôtre, afin de produire et de proclamer une nouvelle morale individuelle, telle est l'œuvre immédiate que nous nous proposons. » Les Églises du Midi, un instant alarmées, revinrent peu à peu de leur émotion. En Algérie, Lamoricière, Bigot, Lefranc ne voulurent voir dans la scission qu'une occasion de manifester une fois encore de la vivacité de leur foi. Lamoricière, campé avec son bataillon à une lieue d'Alger, y venait de temps en temps s'entretenir avec ses camarades qui recevaient les publications saint-simoniennes, et qu'il animait de sa foi ardente [1]. Il trouvait dans la nouvelle religion l'autorité dont il sentait profondément le besoin, et il ne pouvait dissimuler le chagrin que lui causait la scission, et surtout la protestation de Jean Reynaud, son camarade de promotion : « ... Eh ! quoi ! écrivait-il (25 décembre 1831), toujours de l'antagonisme ! J'étais si heureux de penser qu'il y avait au monde des gens qui vivaient entre eux comme des frères et qui reconnaissaient un chef ! Sommes-nous donc encore loin de cette époque d'harmonie que je sens et que je crois si bien comprendre ?... »

Cependant, au commencement de l'année 1832, de nouvelles scissions se produisaient. Transon et Laurent se retirèrent. Transon sentait depuis quelque temps déjà sa foi s'ébranler.

---

[1] Lettre du capitaine Lefranc, du 27 décembre 1831. — Maxime Du Camp, qui reçut de Lamoricière les premières notions du saint-simonisme, raconte dans ses *Souvenirs littéraires* qu'il fut chargé par lui d'aller vérifier dans le cimetière d'Alger si la tombe d'un saint-simonien était dans un état convenable. La tombe portait cette inscription : « Tu as été avant de naître, tu seras après ta mort. Dieu est Dieu, le Père est le Père. A Moïse Retouret, apôtre de la religion saint-simonienne, le commandant Juchault de Lamoricière a fait élever ce tombeau. »

L'été précédent, dans un moment de faiblesse, il était parti pour la Belgique, trompant ses frères et particulièrement Talabot, qui le surveillait de près ; une lettre affectueuse et pressante, où Enfantin faisait appel à ses sentiments religieux, l'avait bien vite ramené à Paris. Cette fois, sa retraite fut définitive. « Je ne suis pas philosophe, écrivit-il au Père, je suis un homme religieux, et c'est précisément parce que je ne vois plus de religion, ni en Bazard, ni en vous, que je me retire. J'irai où je verrai une religion. »

Enfantin, sans se laisser décourager par ces abandons, redoublait de vigueur et, accusant de plus en plus énergiquement le caractère personnel de sa mission, il déclarait la famille saint-simonienne constituée sous le régime de la communauté des biens et des talents, ouvrait des ateliers pour l'organisation nouvelle du travail et conviait tout Paris aux fêtes de la rue Monsigny, dont le but était *l'appel à la femme*, qui devait compléter le Messie. Mais la femme ne vint pas ; les ressources s'épuisèrent, les ateliers restèrent vides, *le Globe* disparut faute de subsides, et la police intervint pour dissoudre l'association. Alors commencèrent les railleries, les accusations injustes ou malveil-

lantes, les coups de dent de la presse et particulièrement du *Figaro*, le plus mordant des
petits journaux de l'époque, et par-dessus tout
les récriminations aigres d'Auguste Comte.
Pourtant, le *Père* ne désespérait pas encore. Ni
la violence des attaques, ni l'injustice des
détracteurs, ni les entraînements de la polémique, ne pouvaient lui faire oublier les
devoirs de la mission sociale et religieuse qu'il
se croyait appelé à remplir, menant de front
les travaux dogmatiques et les soins de la direction suprême et activant de plus en plus, à
travers les dissidences, l'impulsion inspiratrice.
« Avec le souffle que Saint-Simon nous a laissé,
écrivait-il à sa sœur, nous soufflons, soufflons,
et des hommes que nous avions pris abattus,
découragés, froissés, blessés par le monde actuel,
sortent du creuset brillants de vie, prêts à
l'apostolat. » Véritable apôtre, doué d'un don
de fascination, il exerçait sur ses disciples une
influence magnétique. Son éloquence abondante
et mystérieuse captivait les intelligences, en-
gourdissait les volontés, exaltait les esprits et
les entraînait à toutes les folies de la dévotion [1].

Sous l'action de ce souffle inspirateur, les

---

[1] *Saint-Simon et le Saint-Simonisme*, par Paul JANET.

disciples entreprirent une nouvelle campagne
de propagande à l'École polytechnique : « Elle
est la source précieuse, écrivait-il à Fournel,
où notre famille nouvelle, germe de l'humanité
future, a puisé la vie. Or, le prolétaire et le
savant aiment et respectent cette glorieuse
École. Ceux qui viendront à nous verront avec
joie un de ses enfants à leur tête [1]. » De même,
Gustave d'Eichtal écrivit à Ed. Talabot : « Tu
vas te trouver à Brest environné d'un grand
nombre d'anciens élèves de l'École polytechnique placés dans les différents services de l'administration, de l'armée et de la marine, plusieurs déjà fort attachés à la doctrine. Tu sais
que c'est parmi cette classe d'hommes surtout
que nous devons espérer de recruter des
apôtres... Adresse-toi de préférence à ceux qui
te paraîtront animés d'une sympathie véritable
pour les maux du peuple et d'un amour ardent
de la gloire. Rappelle-leur les journées de Vincennes et du Louvre. Il s'agit, en ce jour, d'un
dévouement plus volontaire et plus grand à la
fois. »

Cette nouvelle propagande fut couronnée de
succès. Les anciens adeptes renouvelèrent au

______

[1] Lettre à Fournel, juin 1832.

Père les témoignages de leur dévouement, et une foule d'autres envoyèrent leur adhésion. Le Play écrivit : « Je pars pour une excursion en Normandie, Malinvaud et Baudin prolongeront la tournée en Bretagne. Vous devez bien penser que nous ne manquerons pas de prêcher partout suivant notre foi... » Plusieurs officiers des armes spéciales, convertis au saint-simonisme, jugeant que l'heure était venue de se consacrer tout entiers à l'apostolat, donnèrent leur démission. Bruneau, capitaine d'État-Major, écrivit au ministre de la Guerre : « J'avais cru jusqu'à présent que la force des armes pouvait être un puissant moyen d'émancipation pour les peuples, et j'étais fier de porter l'épée. Mais maintenant je conçois une autre mission ; je suis saint-simonien et je consacre ma vie entière à l'apostolat. Aujourd'hui que notre religion est en butte aux outrages et aux persécutions, notre Père suprême a besoin de tous ses fils, et l'honneur me commande de rester à ses côtés. » Hoart, capitaine d'Artillerie, motivait ainsi sa démission : « Je vous remets mon épée et mes épaulettes, témoignage honorable de votre confiance. Pendant seize ans je les ai portées, parce que je voyais en elles de glorieux moyens de servir l'humanité. Je les dépose

parce qu'une dévotion plus large m'enseigne
des moyens plus glorieux encore… Je suis saint-
simonien. » L'exemple d'Hoart et de Bruneau
fut suivi par Tourneux, capitaine d'Artillerie à
l'École d'application, chef de l'Église saint-
simonienne à Metz ; sa lettre au ministre portait : « Jusqu'ici les devoirs de ma profession
n'avaient pas été incompatibles avec les travaux de l'apostolat saint-simonien, auquel je
me suis voué désormais. Aujourd'hui, ce ne
sont plus seulement quelques instants épars,
quelques efforts incomplets, c'est ma vie tout
entière que l'humanité réclame par la voix de
mes Pères : je lui obéis, je vous prie d'accepter
ma démission. » Une série de lettres adressées
au Père et à ses principaux disciples, à Gustave
d'Eichtal, à Michel Chevalier, à Isaac Pereire,
vinrent à ce moment attester de la sympathie
de toutes les générations polytechniciennes
pour les doctrines de Saint-Simon. Enfantin a
dressé lui-même la liste des anciens élèves qui
se mirent alors à ses ordres, ce sont :

*Les Ingénieurs des Mines :* Allou, Bineau,
Boulanger, Coste, Burdin, Drouot, Le Play,
Manès, Varin ;

*Les Ingénieurs des Ponts et Chaussées :* Avril,
Bonnet, Boucaumont, Baude, Capella, Colli-

gnon, Bonamy, Didion, Fourrier, Job, Jullien, Lacordaire, Lacave, Le Moyne, Lenglier, Magdelaine, Malaure, Moneuze, Masquelez, Parandier, Poirel, Renard, Robin, Vinard ;

*Les Officiers du Génie :* Bigot, Chapus, Collet, Corrèze, Dessin, Faveaux, Gillotin, Hallotte, Lamoricière, Le Franc, Perrier, Rougane, Vanebout ;

*Les Officiers d'Artillerie :* Cotte, Devoluet, Emy, Gouguet, Hailleux, Le Basteur, Lecoq, Marquis, Tourneux, Toulangeon ;

Le capitaine d'État-Major Ch. West, les capitaines de Cavalerie Ferdinand, Durand ;

*Les Ingénieurs du Génie maritime:* Levesque, Tallard ;

*Les Élèves de l'École :* Forestier, Menu-deMenil, Maulmont, d'Arbaumont ;

*Les anciens Élèves démissionnaires :* Duprey, Lemaire, Laurent.

Tous ces polytechniciens ne professaient pas une foi pleine et entière pour les idées de Saint-Simon ; mais tous éprouvaient pour elles sympathie, estime et admiration. L'amour de la liberté et la foi dans l'avenir les attiraient vers une doctrine qui semblait vouloir réaliser les aspirations secrètes de la Révolution française. Beaucoup faisaient des réserves sur la question religieuse et bornaient leur assentiment aux vues industrielles et financières, ou bien aux théories sociales. Le plus grand nombre suivait avec confiance et sans restriction. Ceux-là croyaient à l'association universelle, à l'abolition des privilèges, à l'émancipation complète de la pensée humaine. Ils se voyaient appelés à faire partie de cette aristocratie des savants, des artistes, des industriels qui seule devait diriger la société. Ils voyaient l'âge d'or devant eux. Tels furent Michel Chevalier, Talabot, Fournel, Bruneau, Tourneux, Hoart et les quarante disciples qui accompagnèrent Enfantin dans sa retraite à Ménilmontant, où il voulait essayer une dernière transformation du saint-simonisme. Ils se chargèrent de l'organisation du travail dans cette espèce de communauté modèle, se préparant à la vie d'apôtre par des travaux manuels qui alternaient avec l'étude et les exercices d'un culte symbolique. Hoart faisait l'appel des travailleurs et distribuait les pelleteurs sur une ellipse dont les divisions étaient indiquées par des piquets. Tourneux conduisait les brouetteurs à la mine où se déchargeaient les déblais ; Talabot commandait la réserve. Bruneau assurait l'ordre. Une foule considérable les regardait avec étonnement brouetter la terre d'un bout de jardin à l'autre, travailler tête nue par un soleil ardent, et s'interrompre de temps en temps pour entonner un hymne de Félicien David avec une gravité de trappistes.

Ce fut l'époque des extravagances et des folies. Elles se terminèrent en cour d'assises. Le 27 août 1832, le Père suprême partit de sa retraite pour le Palais de Justice avec le cortège de ses fils et de ses filles revêtus d'un costume qui rappelait le costume florentin du xvi° siècle. Les fils portaient la petite redingote bleue et le gilet blanc mystique, une écharpe blanche, une ceinture noire à la taille et une petite toque de velours sur la tête. Enfantin marchait en tête, portant une écharpe rouge et un gilet sur lequel étaient écrits ces deux mots : *le Père*. Derrière lui venaient les filles en longues tuniques bleues. L'étrange mascarade excita le rire et les huées des Parisiens, la verve des caricaturistes et des dessinateurs ; et la secte, fût-elle sortie indemne du tribunal, serait tombée sous les attaques acerbes de quelques anciens adeptes, parmi lesquels il faut citer Jean Reynaud et Carnot, et sous les insultes des journaux et des théâtres.

En soulevant des problèmes dangereux

comme l'abolition de l'héritage, l'affranchissement de la femme ; — en prétendant changer
radicalement les conditions économiques de la
société, supprimer le régime parlementaire et
établir une théocratie absolutiste, les disciples
de Saint-Simon avaient amené d'abord un
schisme dans la secte et, finalement, la disso-
lution de l'Église. Leur philosophie sociale était
bien différente de celle du maître. M. Paul
Janet a clairement mis en lumière, dans un
livre remarquable [1], comment ils ont été con-
duits à tirer des principes par lui posés les conséquences les plus étranges. Saint-Simon, s'ins-
pirant des économistes du siècle dernier, s'était
proposé d'organiser la société moderne sur les
bases du travail dirigé par la science, dans des
conditions d'harmonie et de justice. Au système féodal et théologique qui avait régi le
moyen âge, il rêvait de substituer le système
industriel et scientifique dans lequel le pouvoir temporel appartiendrait aux industriels et
le pouvoir spirituel aux savants. Sa doctrine
n'était qu'une sorte d'industrialisme, avec des
tendances philanthropiques et populaires, qui
ne prirent que peu à peu un caractère senti-

[1] *Saint-Simon et le Saint-Simonisme.*

mental et religieux. Jamais il n'avait songé à constituer un dogme ni une Église. Mais les disciples, dépassant le maître sur tous les points, généralisant ses vues sur la philosophie de l'histoire, cherchant le principe du progrès dans la formation d'un ordre idéal et divin, ont abordé de front le problème d'une religion nouvelle et voulu réunir dans une même main le pouvoir spirituel et le pouvoir temporel. Louis Reybaud juge assez sévèrement leur doctrine qui, d'après lui, ne se compose que de plagiats[1]; Hippolyte Carnot, repoussant l'accusation de communisme, dont elle est plutôt la négation, prétend au contraire que tous les économistes sont les plagiaires des saint-simoniens[2]. On ne connaîtra qu'à l'époque fixée pour la divulgation des archives saint-simoniennes toute la vérité sur le fond de cette doctrine et sur la solidarité qui a existé entre les affiliés.

Je laisse le problème aux historiens du saint-simonisme. Il me reste à rechercher ce que devinrent les polytechniciens qui avaient fait partie de la famille. L'emprisonnement d'Enfantin fut le signal de la dispersion. Les esprits religieux, divisés déjà sur les questions de foi,.

[1] *Étude sur les Réformateurs contemporains.*
[2] *Mémoires sur le Saint-Simonisme.*

de morale, de libre arbitre, suivirent les voies diverses vers lesquelles les entraînaient leurs aspirations philosophiques. Les uns, à l'exemple de Jean Reynaud, retournèrent au spiritualisme; plusieurs, comme Lechevalier, embrassèrent le fouriérisme, qui venait de naître. Il y en eut qui s'enfoncèrent dans le panthéisme avec Pierre Leroux. Transon et quelques autres rentrèrent dans le giron de l'Église catholique. Les savants revinrent à leurs études abstraites. Les économistes reprirent et creusèrent les problèmes relatifs à la production et à la distribution des richesses. Les ingénieurs et les industriels se tournèrent du côté des travaux publics et des opérations de l'industrie, appliquant pour leur propre compte les théories du maître.

Enfantin, gracié au bout de quelques mois de détention, partit pour l'Égypte, où Lambert l'avait précédé. Hoart, Bruneau, Prax, Tourneux, Decharme, Drouot et Fournel l'y suivirent. En appelant Hoart et Bruneau à venir le rejoindre, il leur écrivait en soulignant quatre fois : « *Lisez saintement ce que j'écris :* le travail pour lequel je vous appelle est la grande œuvre de Suez... et plus loin encore, Panama. » Ils partaient, en effet, pour mettre en communication l'Europe avec les Indes par un canal de la mer Rouge à la Méditerranée. Ce projet, jadis étudié par la Commission d'Égypte, exposé dans ses grandes lignes depuis quinze ans par *l'Organisateur*, fut, sur les lieux, élaboré dans toutes ses parties et fixé dans tous ses détails par les saint-simoniens. On sait comment le travail du barrage du Nil échoua et comment les circonstances ont reporté plus tard à M. de Lesseps l'honneur du percement de l'isthme de Suez. Devant le succès de son jeune et habile rival, le vrai créateur, voyant s'évanouir le rêve de toute sa vie, admira comme les autres. Il se consola dans une pièce de vers, citée par Maxime Du Camp dans ses *Souvenirs littéraires*, faible de poésie, mais d'un généreux esprit :

> Laissons donc faire, ami, laissons le mouvement...
> Aujourd'hui de Lesseps montre à toutes nos assises.
> C'est le héraut qui crie au loin et fait venir
> Les nations, pour voir nos merveilles promises...
> Ne nous battons donc pas pour tout le bruit qu'il fait.
> . . . . . . . . . . . . . . . Nous sommes
> Si forts de notre foi, sans crainte des larrons,
> Si vigoureusement trempés comme des hommes,
> Si valeureux soldats que tous nous sommes sûrs
> D'avoir part à la gloire au ciel et sur la terre
> Dans les siècles présents, dans les siècles futurs,
> Comme nous avons eu notre part de misère [1] !

[1] Lettre du Père Enfantin à Auguste Gabeiron, Lyon, le 2 août 1855.

Après deux ans de séjour au Caire, Enfantin vint se fixer dans la Drôme, « bêchant son jardin, » comme il dit lui-même ; puis il se fit maître de poste dans les environs de Lyon. En 1841, le crédit de ses anciens camarades le fit entrer dans une commission scientifique chargée de rechercher les richesses industrielles de l'Algérie, et, quatre ans plus tard, il reçut la direction du chemin de fer de Lyon, où il resta définitivement. Vers la fin de sa vie, il rappela un instant l'attention sur sa personne par ses réponses au Père Félix, qui avait attaqué la doctrine saint-simonienne dans la chaire de Notre-Dame, et par la publication de la *Vie éternelle*, sorte de testament religieux. Étranger à la politique et dédaignant de s'enrichir, il s'en tenait toujours aux formules scientifiques et à ses rêves de bonheur universel : « Ma tâche est finie, écrivait-il à ses amis, et la vôtre est pleine de maturité et de vigueur. Faites pour la science plus encore que nous n'avons fait pour l'industrie ! Nous avons enlacé le globe de nos réseaux de chemins de fer, d'or, d'argent, d'électricité ! — Répandez, propagez, par ces nouvelles voies dont vous êtes en partie les créateurs et les maîtres, l'esprit de Dieu, l'éducation du genre humain... Je ne vous précéderai plus, mais je vous suivrai. »

Michel Chevalier, qui avait été l'un des principaux prédicateurs de la salle Taitbout, qui à Ménilmontant avait eu le privilège de donner au Père tout ce dont il avait besoin durant ses repas, condamné à un an de prison, comme auteur et éditeur responsable des articles du *Globe*, ne subit que la moitié de sa peine. Le Gouvernement l'envoya, au sortir de prison, aux États-Unis, puis en Angleterre, chargé de missions diverses, en qualité d'ingénieur. Longtemps il défendit les idées saint-simoniennes par la parole, par la presse, par tous les moyens de propagation, ne reculant pas devant les conséquences à perte de vue. Ses connaissances étendues de savant et d'ingénieur, ses observations précises, ses aperçus pittoresques, ses exposés clairs, incisifs, ses descriptions variées et originales, empruntant souvent leur animation et leur éclat à des figures de l'antiquité classique et même de la Bible, excitèrent l'intérêt universel. Les lettres du *Journal des Débats* sur l'Amérique du Nord, réunies plus tard en un volume que M. de Humboldt considérait comme « un traité de la civilisation », ont fait connaître à l'Europe la constitution, les mœurs, la vie politique et industrielle de ce pays. Les lettres sur l'Amérique espagnole, puis une foule d'articles sur les questions d'industrie, d'économie sociale et même de politique, remarquables par la sûreté du coup d'œil, une sagacité pénétrante, empreints d'une richesse d'imagination, eurent un succès aussi considérable que les premiers articles de l'*Organisateur*, la *Marseillaise de la Paix* ou le *Système de la Méditerranée*, dont l'avenir ne devait pas tarder à fortifier les prévisions. Son livre *des Intérêts matériels en France* fut une sorte de programme des grandes améliorations à réaliser par l'achèvement de nos routes, de nos canaux et par l'ouverture d'un réseau de chemins de fer. Au lendemain de la révolution de 1848, il combattit les divers systèmes socialistes, avec une verve incisive et une ironie perçante, dans ses *Lettres sur l'organisation du travail*. Il a été le rapporteur général des grandes expositions de France et d'Angleterre. Il a professé l'économie politique à la chaire du Collège de France. L'introduction aux Rapports du Jury international de 1867, qu'il a publiée en cette qualité, tableau complet de l'état de l'industrie humaine au xix⁰ siècle, est, au dire de Leroy-

Beaulieu, l'un des plus beaux livres qui aient été écrits de ce temps. En 1851, il est entré à l'Institut, à l'Académie des Sciences morales et politiques. Défenseur ardent du libre-échange, c'est lui qui détermina Napoléon III à signer les traités de commerce avec l'Angleterre, premier coup formidable porté à cette politique d'isolement commercial des peuples que l'on essaiera en vain de faire revivre. Le second Empire fit de l'ancien saint-simonien un conseiller d'État, un député, un sénateur. Il a souvent plus mal choisi.

Henri Fournel, chargé depuis le commencement du procès de la direction de la famille, poursuivit un instant la propagande polytechnicienne. « Père, écrivait-il à Enfantin, je proclamerai votre nom parmi mes frères de l'École polytechnique, je leur apprendrai la gloire de l'obéissance. » Après l'expédition saint-simonienne en Égypte, il fit un voyage au Texas, à la suite duquel il publia le livre ayant pour titre : *Coup d'œil historique et statistique sur le Texas* (1845). Rentré au corps des Mines, il fut nommé chef du service des Mines en Algérie. On lui doit la *Biographie saint-simonienne*. Il est intéressant de constater qu'en 1832 il demandait, comme mesures urgentes, la mise en exé-

cution immédiate du projet si longtemps ajourné
de la distribution des eaux de Paris ; le tracé de
deux grandes lignes de chemin de fer, l'une du
Havre à Marseille, l'autre de Strasbourg à
Nantes ; le défrichement des terrains incultes
des départements de l'Ouest ; le reboisement
des Vosges et des Pyrénées ; le canal latéral de
la Loire ; le canal de Nantes à Brest ; le percement de deux grandes rues à travers les quar-
tiers de Paris qui ont le plus besoin d'être
assainis, l'une du Louvre à la Bastille, l'autre
du pont d'Arcole au pont Notre-Dame ; enfin
la construction des Halles. Trente ans d'avance,
il dressait le plan des transformations qui
devaient faire de Paris une ville nouvelle.

Lambert, plus tard Lambert-Bey, mathématicien hors ligne, esprit vraiment supérieur,
dont la parole lucide, à la fois imagée et précise, « jetait, dit Maxime Du Camp, des lueurs
au fond des problèmes les plus obscurs, » fut
le métaphysicien de l'École. Il se plaisait à traduire dans tous les ordres d'idées possibles la
formule de la *Trinité*, qui posait pour règle
morale l'*équilibre* entre le *moi* et le *non-moi*.
En Égypte il prépara les profils du barrage du
Nil à Batn-El-Agar et releva les terrains à ouvrir
à la pointe même du Delta. Méhémet-Ali le

chargea d'un voyage au Soudan, puis le nomma directeur de l'École polytechnique de Boulaq, où il resta jusqu'en 1850 et prépara plus de cinq cents élèves pour les services civils et l'administration. Quand il revint se fixer à Paris en 1851 et consacrer ses loisirs aux études philosophiques, le saint-simonisme était toujours pour lui la religion-type vers laquelle l'humanité sera nécessairement entraînée, et Enfantin, *le Père*, lui apparaissait encore comme le plus grand apôtre qui ait été donné au monde.

Jean Reynaud essaya de reconstituer un centre d'activité intellectuelle avec des amis qui s'étaient séparés du saint-simonisme en même temps que lui. Il fonda, avec Pierre Leroux, l'*Encyclopédie nouvelle*, si remarquable par la variété, la liberté, l'élévation des travaux qu'elle a publiés. Collaborateur de Charton il a rempli le *Magasin pittoresque* d'études attachantes et variées. Après avoir occupé en 1848 le poste de sous-secrétaire d'État à l'Instruction publique, où l'appela Hippolyte Carnot, puis celui de conseiller d'État, il rentra dans la sphère des hautes spéculations. Il a laissé un admirable poème symphonique, *Terre et Ciel*, dans lequel il s'est efforcé de réconcilier la religion et la science.

Deux personnages y sont en scène : le *théologien*, qui expose la croyance de l'Église ; le *philosophe*, qui écoute respectueusement, admet le fond du dogme, lui oppose les découvertes modernes et songe à ramener le Christianisme à sa pureté primitive. Ce livre éloquent, dont la conclusion est un généreux appel aux origines, aux traditions, à l'esprit de la France, critiqué par les uns à cause de sa doctrine basée sur la pluralité des mondes et sur la conception orientale de la métempsychose [1], par d'autres qui le regardaient comme une attaque aux dogmes catholiques, acclamé par plusieurs comme une œuvre capitale de philosophie, a eu un très grand retentissement. Esprit éminemment encyclopédique et synthétique, supérieur dans toutes les sciences, Jean Reynaud a touché à tout, à l'histoire, aux sciences naturelles, à l'économie politique, à la théodicée. Son style à l'ampleur et à l'ardeur sereine, plein d'onction et de grâce naturelle, se révèle dans certains articles frappants comme celui sur l'*infinité des cieux*, celui sur le *Druidisme*, dans les études sur l'organisation de la République. Son enthousiasme au

[1] Voir TAINE, *Nouveaux Essais de critique et d'histoire.*

Henri MARTIN, doyen de la Faculté des Lettres de Rennes : *la Vie future.*

VACHEROT, article de la *Revue des Deux Mondes.*

spectacle des beautés de la nature éclate en admirables pages sur les splendeurs des couchers de soleil, sur la majesté des grands horizons, sur les éloquentes profondeurs des bois. Homme complet, dont la vie fut constamment d'accord avec les principes ; patriote ardent, préoccupé jusqu'à sa dernière heure des destinées de la France et de l'avenir de la liberté ; l'un des grands penseurs du XIX° siècle, il a exercé jusque sur des hommes de génie, comme Geoffroy et Hilaire, une influence considérable. M. Legouvé, son ami, dans ses *Soixante ans de souvenirs*, a consacré à sa mémoire des pages émues et touchantes. Le sculpteur Chapu a buriné sur son tombeau le génie de l'Immortalité.

Lamé et Clapeyron, à leur retour de Russie, se tournèrent un instant du côté de l'industrie. En collaboration avec Stéphane et Eugène Flachat, ils publièrent leurs *Vues politiques et pratiques sur les Travaux publics* ; ils se proposaient de devenir, pour les grandes entreprises, les organes officieux du public et des grandes compagnies. Peu après, ils déposaient au ministère le projet du chemin de fer de Paris à Saint-Germain. Ils ne tardèrent pas à revenir à la science théorique et appliquée et ils devaient

entrer tous deux à l'Académie des Sciences.
Lamé renonça le premier à la pratique pour
enseigner la physique à l'École polytechnique
et illustrer, à la Faculté des Sciences de Paris,
la chaire de Physique mathématique.

Fidèle aux convictions de sa jeunesse, il a
publié, après les événements de 1848, une
curieuse brochure, dans laquelle, appliquant à
la science sociale la méthode de raisonnement
analytique, il a établi sur les sentiments de la
famille et sur les facultés innées de l'homme
le principe de la République; il en a déduit
toutes les institutions qui conviennent à cette
forme de gouvernement. Il a laissé entrevoir
dans cette brochure quelles étaient à ses yeux
les seules solutions possibles aux deux grands
problèmes alors à l'ordre du jour, l'organisation du travail et l'amélioration du sort des
travailleurs par la fraternité, par l'instruction
donnée aux hommes et aux femmes, par la
participation aux bénéfices, par la colonisation
industrielle. Le système d'impôt qu'il y préconise
est celui de l'impôt indirect sur le revenu et de
l'impôt progressif et non proportionnel sur les
successions. Il demande que la société donne
à tous ses membres du travail ou des moyens
d'existence, qu'elle organise sur une plus grande

échelle les hôpitaux, les hospices, les asiles, les retraites, les secours à domicile et toutes les œuvres de bienfaisance abandonnées jusque-là à la charité publique. Et il termine en disant : « Il faut faire une guerre acharnée à la faveur, aux sollicitations et aux protections, restes impurs des régimes de corruption. »

Paulin Talabot, sans être un fervent saint-simonien comme ses deux frères — Edmond, qui mourut en 1831, emporté par le choléra, et Léon, qui embrassa la carrière industrielle au sortir de l'École, — était en parfaite communauté d'aspirations avec eux. — Lui et son camarade Didion, qui s'étaient liés d'amitié avec Stephenson au cours de fréquents voyages en Angleterre, furent les premiers de ces ingénieurs clairvoyants qui devinèrent l'avenir des chemins de fer. Talabot, puissant organisateur et habile financier, a l'honneur d'avoir tracé le plan général de l'organisation; d'avoir fixé les grandes lignes de partage, la répartition des services, les responsabilités, enfin le mode d'exécution par l'emprunt sous forme d'obligation d'un type nouveau. Il a construit la ligne d'Alais au Rhône, qui permit d'exploiter le bassin houiller du Midi encore inexploré ; la ligne d'Avignon à Marseille, puis celle d'Avi-

gnon à Lyon ; il a enfin créé la Compagnie de
Lyon à la Méditerranée, qui allait devenir la
grande Compagnie du réseau Paris-Lyon, dont
il fut le premier directeur. On lui doit le pont
de Beaucaire, le tunnel de la Nerthe, les docks
de Marseille, les chemins de fer de l'Algérie.
En 1845, il étudiait un projet de canal d'Alexan-
drie à Suez, qui faillit avoir la préférence sur
le tracé direct proposé par Linant et Mougel. Il
a donné la plus vive impulsion à la création de
la ligne des Apennins et des chemins de fer du
Sud de l'Autriche. Les voyageurs des trois pays
lui doivent leur reconnaissance. La France, dans
la création de son réseau, lui doit l'impulsion
décisive.

Didion, l'infatigable collaborateur de Talabot,
créateur de la ligne de Nîmes à Montpellier et
à Cette, directeur du réseau d'Orléans, inspecteur général des Ponts et Chaussées, à qui le
général Cavaignac offrit le ministère des Travaux publics en 1848, n'oublia jamais l'idéal
saint-simonien. Il écrivait, quelques semaines
avant la révolution de Février : « La grande
question de la politique à venir, c'est la question de l'organisation des ouvriers. Voilà notre
vieux groupe saint-simonien justifié pleinement. Il deviendra, je l'espère, très utile, parce

que tous nos amis ont des positions respec-
tables et veulent l'ordre avant tout, en même
temps qu'ils comprennent mieux que les autres
la situation et ses difficultés. »

Le Play [1], le fondateur d'une école socialiste
qui, de suite, a eu des disciples et des apôtres,
une organisation sur divers points du territoire, une revue périodique destinée à perpétuer
l'enseignement, qui compte aujourd'hui de
nombreux partisans, n'a fait que passer au
saint-simonisme. Il s'est appuyé, lui aussi, sur
la méthode scientifique d'observation et d'induction dans ses enquêtes et ses investigations
sur la religion, la propriété, la famille, la colonisation, le gouvernement. Son livre: *les Ouvriers
européens*, présentant l'ensemble des institutions et des mœurs indispensables à la prospérité d'un peuple, est le plus beau modèle de
statistique sociale et a été couronné par l'Académie des Sciences. *La Réforme sociale*, admirée
par Montalembert, est une étude magistrale,
dont Sainte-Beuve proclamait l'auteur « un

---

[1] LE PLAY, ingénieur des Mines, de la promotion 1825, mort en
1879, professeur à l'École des Mines, commissaire général des
Expositions de Paris et de Londres en 1855, 1863 et 1866, sénateur de l'Empire, auteur de : *la Réforme sociale en France*,
1864; — *l'Organisation du Travail*; — *la Constitution essentielle de l'Humanité*, 1881.

Bonald rajeuni, progressif et scientifique ».
Homme de concorde et d'apaisement, fermement libéral et profondément religieux, il a emprunté aux saint-simoniens leur prédilection pour les institutions du moyen âge. Sa doctrine, résumée dans l'ouvrage *la Constitution essentielle de l'Humanité*, présente le patronage comme le remède souverain pour combattre le paupérisme ; elle attend l'harmonie sociale du rétablissement de la liberté testamentaire, de la liberté religieuse absolue par la séparation de l'Église et de l'État, de la liberté complète de l'enseignement et de la décentralisation.

Adolphe Juillen construisit le chemin de fer de Paris à Orléans et celui de Paris à Lyon par la Bourgogne. Il devint directeur des travaux de l'exploitation du réseau Paris-Lyon.

Félix Tourneux[1], ingénieur en chef de la ligne ferrée de Dôle à Salins, en 1843, prit plus tard une grande part à la construction des chemins de fer espagnols. Il a dirigé l'*Encyclopédie des chemins de fer*. — Chapert (1813), neveu, par sa femme, de Casimir-Périer, autrefois initié aux sociétés secrètes dans le Dauphiné, devint préfet sous le gouvernement de

[1] Il eut deux frères à l'École. Son frère Prosper, sorti dans l'Artillerie en 1835, passa trois ans après aux Travaux publics.

Juillet et fut membre de l'Assemblée législative de 1849. — Drut, fils d'un ancien général du premier Empire, devint, sous le second, secrétaire des commandements du prince Jérôme. — Lecamus devint receveur général des Landes.

Bineau est mort ministre des Finances de Napoléon III. Il lui fut réservé d'apposer son nom au bas d'une mesure que le Père Enfantin avait défendue en 1824, la conversion des rentes.

Pichard a été le premier ingénieur du canton de Vaud. Il a construit les routes vaudoises, la maison pénitentiaire de Lausanne et le grand pont qui porte encore son nom. — Transon a été répétiteur à l'École polytechnique et examinateur d'admission. — Margerin, d'une grande intelligence, mais d'une sincérité douteuse, qui, dit Hippolyte Carnot, partageait toutes les vues d'Enfantin et les exagérait encore, a fini comme professeur de l'Université catholique de Liège.

Lamoricière, déjà illustré par ses exploits militaires, ne se doutait pas que son camarade Gratry le convertirait un jour, qu'il trouverait dans l'Église la paix et la certitude qu'il cherchait en Saint-Simon, et ne laissait pas prévoir que la papauté aurait plus tard en lui son plus ardent défenseur.

Les polytechniciens saint-simoniens, gardant
de leurs études philosophiques une indifférence
complète en matière politique, ont porté pour
la plupart les ressources de leur intelligence du
côté du travail protecteur. Ils n'ont pas entrepris de renverser des gouvernements et de com-
biner des ministères; ils ont borné leur ambition à percer les continents, à joindre les fleuves,
à relier les villes par des communications rapides. Notre pays leur doit ses voies ferrées, ses
voies de navigation, un grand nombre de ses
fabriques, une bonne part de l'outillage natio-
nal. Ils ont rêvé la conquête de l'Afrique centrale, la colonisation de Madagascar. Ceux
d'entre eux qui se sont lancés dans les affaires
ont montré à leurs compatriotes les vraies
sources de la richesse; ils ont vaincu la routine et l'inertie par la force d'une volonté claire
et d'un bon sens fécond. Devenus producteurs
à des titres divers, ils ont presque tous réussi
dans les carrières qu'ils avaient embrassées et,
s'ils ont fait leur fortune, c'est en enrichissant
la France. Car ce sont les institutions de crédit
qu'ils ont provoquées, les grandes compagnies
industrielles et financières qu'ils ont créées, qui
ont amené l'immense développement du commerce et de l'industrie. Et ils ont réussi parce

qu'ils portaient l'esprit de méthode de la science dans un domaine où il n'avait pas encore pénétré.

Cette empreinte scientifique se retrouve dans toutes leurs théories économiques sur le rôle social des banques, sur le taux de la rente et l'amortissement, sur le budget et l'assiette des impôts, sur le rôle des établissements de crédit. Enfantin voyait une analogie merveilleuse entre la langue métaphysique et le calcul des probabilités. « Quand j'eus trouvé ces mots, *probabilités*, *logarithme*, *asymptote*, dit-il dans le *Livre nouveau* [1], je fus heureux, car j'avais trouvé la voie qui me ramenait aux formules et aux formes. » C'est l'esprit mathématique qui éclaire les aperçus hardis de ses disciples sur la durée et l'avenir de notre espèce, leurs efforts pour grouper les événements historiques en séries homogènes, pour relier ces séries, pour saisir la direction de la courbe parcourue par l'humanité et le sens de son évolution. S'ils ont franchi peut-être trop audacieusement des questions qu'il ne faut aborder qu'en tremblant, s'ils ont échoué à fonder la religion qu'ils rêvaient, une chose certaine reste à leur honneur : ils ont proclamé bien haut la *Sainteté* de la science, de l'art, de l'industrie, du travail sous toutes ses formes.

[1] Résumé des conférences faites à Ménilmontant.

## III

Le fouriérisme, apparu au moment où le saint-simonisme disparaissait, a été, comme lui, présenté au monde par un polytechnicien. L'apparence scientifique de ce système social, qui promettait le bonheur à la terre, le sens mystique attaché aux rapports numériques, l'analogie passionnelle basée sur les propriétés des figures de géométrie, l'espèce de cinématique morale réglant le monde d'après la loi des attractions, tout jusqu'à la prétention de Fourier à se poser comme le continuateur de Newton, était fait pour attirer surtout la jeunesse instruite dans les sciences exactes et dont l'esprit s'ouvrait à de généreux sentiments humanitaires. Passionnés pour les théories, les Polytechniciens s'intéressèrent avidement à ces combinaisons bizarres des nombres, de leurs multiples et de leurs diviseurs, à ces opérations sur les *séries* et les *phalanges*, sur la *triade*, la *tétrade*, à tous ces calculs qui conduisaient presque toujours à des conséquences originales et inattendues. Leur imagination fut frappée par cette géométrie symbolique, qui représentait l'amitié par un cercle, l'amour par une ellipse, le *familisme* par une parabole dont les branches, figurant la tendresse des parents, rayonnent à l'infini vers les générations futures, l'ambition par une hyperbole avec son asymptote image de l'âme humaine. Naturellement entraînés par leur éducation spéciale à s'éprendre de formules, comment n'eussent-ils pas ressenti l'attrait d'une doctrine d'apparence sévère, qui, s'appuyant sur des conceptions purement mathématiques et supposant la théorie des nombres, tirait toutes ses déductions d'une seule loi : *les attractions sont proportionnelles aux destinées*. L'un d'eux se chargea de l'étudier, de l'approfondir, de la dégager des spéculations pures, de la débarrasser, sans toutefois lui faire subir de modification sensible, de ce qu'elle pourrait avoir de trop chimérique, puis, comme un de ses anciens l'avait fait pour le saint-simonisme, de la faire connaître d'abord à ses camarades, enfin de la propager à travers le monde.

Victor Considérant [1], dont l'enfance avait été

---

[1] Victor Considérant entra à l'École en 1826.

bercée à Besançon par une fervente adepte des
idées fouriéristes, venait de sortir de l'École
quand la *Théorie des quatre mouvements* tomba
entre ses mains. L'œuvre de son compatriote
lui apparut comme « un monument dépassant de mille coudées celle des génies les plus
transcendants ». Sur-le-champ, le désir s'em-
para de lui d'être le saint Paul de la nouvelle
doctrine de paix et de charité. Un long article,
débordant d'enthousiasme, qu'il inséra dans le
*Mercure de France* [1], l'ayant mis en rapport avec
Fourier, il alla le trouver dans sa chambrette
au quartier latin, obtint son assentiment et
commença aussitôt sa propagande à l'École
d'application de Metz. L'année suivante, quelques
officiers du Génie de son régiment étaient gagnés, ses chefs l'encourageaient, et il ouvrait des
conférences publiques où Fourier était proclamé
« le révélateur des lois de la destinée humaine,
le Christophe Colomb du monde social ». Ces
conférences eurent à Metz un si grand succès
que Considérant, dont l'enthousiasme débordait,
se décida à embrasser résolument le rôle d'apôtre
militant et envoya sa démission au Ministre de
la Guerre. « Je vois dans la doctrine de Fourier,

[1] Numéro du 13 mars 1830.

écrivit-il au maréchal Soult, le salut du monde, et je veux me vouer tout entier à la répandre. » Il vint alors à Paris, fonda le journal *le Phalanstère*, et le mouvement fouriériste commença, excité, entretenu par l'entrain, la fougue, l'audace d'imagination du jeune apôtre.

L'histoire extérieure de ce mouvement est bien connue ; elle est très courte. Quelques prosélytes arrivèrent tout d'abord. Parmi ceux-là étaient Jules Lechevalier et Transon, échappés du saint-simonisme dispersé, qui trouvaient la formule des lois sociétaires à la fois plus séduisante et plus pratique. Une propagande active s'organisa. Transon, qui ne devait pas tarder à passer à l'ultra-catholicisme, proclama la supériorité de Fourier et résuma sa doctrine dans deux articles remarquables donnés à la *Revue encyclopédique*. Des cours furent ouverts, des voyages entrepris pour recruter des adeptes en province et pour faire appel aux capitalistes. L'École prit naissance et elle se développa très vite malgré l'avortement du premier essai de phalanstère de Condé-sur-Vergres, malgré la disparition rapide du journal *la Phalange*. Installée dans l'hôtel de la rue de Tournon, elle donna des fêtes, des bals, des concerts comme les saints-simoniens. Son influence grandit encore quand son chef, élu membre du Conseil général de la Seine, fonda le journal *la Démocratie pacifique.* A ce moment elle accomplit des progrès merveilleux ; mais le nouvel essai de phalanstère de Cîteaux n'ayant pas mieux réussi que le premier, elle dut se transporter à la rue de Seine, puis à la rue de Beaune, considérablement amoindrie. Lorsque la révolution de 1848 éclata, elle eut le tort de se mêler à la politique, et quand Considérant, attaqué violemment par Proud'hon, ridiculisé par le caricaturiste Cham, redouté comme agitateur socialiste, hué par l'Assemblée nationale, fut exilé après la conspiration du 13 juin, elle tomba sous l'indifférence. Une tentative de colonisation organisée à Bruxelles n'eut pas de succès et la troisième expérience phalanstérienne essayée plus tard au Texas échoua aussi complètement que les précédentes. Pourtant l'École phalanstérienne n'a pas disparu. Tout récemment elle demandait encore à la ville de Paris la cession des terrains d'Achères pour y tenter un nouvel essai. Soutenue à l'aide de cotisations et de dons, elle survit à toutes les écoles socialistes.

Un grand nombre de polytechniciens, entraînés par la parole ardente de leur camarade, gagnés par son enthousiasme et sa sincérité, charmés par la grâce et l'élégance de ses attitudes, vinrent avec César Daly, Destrem, Cantagrel, se ranger sous la bannière de Fourier. On peut citer parmi eux : les ingénieurs des Ponts et Chaussées Krantz, Breton, Allard, camarades des promotions 1835 et 1836, l'ingénieur des Mines Transon, les officiers d'Artillerie Tamisier de 1818, Hippolyte Renaud de 1823, le capitaine du Génie Charles Richard de 1834, le capitaine d'Artillerie de Marine Piton-Bressant de 1840, Nicolas Lemoyne de 1814, Barral, le savant chimiste, et Bureau Allyre, le publiciste de la promotion 1829. *Le Figaro* en a signalé d'autres qui s'en sont défendus ; l'ingénieur Courbebaisse, l'un de ceux-là, écrivait à ce journal vers 1867 : « Ce qu'il y a de piquant, c'est que j'ai toujours soutenu qu'on ne pouvait pas plus cesser d'être phalanstérien qu'on ne peut cesser d'être mathématicien quand on l'a été. » Tous étaient des esprits distingués, animés du même dévouement, remarquables par l'étendue de leurs connaissances et l'élévation du caractère. Ils ont occupé de hautes situations et ils sont restés toujours liés entre eux par l'amitié la plus touchante.

Victor Considérant a été le chef reconnu et

incontesté du fouriérisme. Pendant vingt ans il
a déployé un immense talent de plume et de
parole pour faire connaître ce qu'il y avait d'original et de fécond dans la doctrine. Il l'a débar-
rassée de ses formes dogmatiques, de toute
sa mécanique passionnelle et, en lui faisant
prendre part à toutes les questions positives du
moment, il a réussi à la propager. Personne
n'a su mieux que lui en faire une exposition
sommaire en termes simples et clairs. Ses
auditeurs disent qu'il captivait l'attention par
la justesse et la lucidité de ses raisonnements,
auxquels il ne craignait pas de mêler parfois
le tracé de figures géométriques pour en faci-
liter la compréhension. Il décrivait avec une
véritable éloquence les institutions libres et
attrayantes où devait régner l'harmonie des
intérêts, l'essor naturel des vocations, l'emploi
varié et équilibré des diverses facultés, le bien-
être et le bonheur. Son imagination poétique,
renchérissant sur les descriptions du maître lui-
même, dépeignait le phalanstère « une île mar-
moréenne baignant dans un océan de verdure,
le séjour royal d'une population régénérée ».
Ses nombreux ouvrages, ses brochures, ses
articles ont eu un succès retentissant. *La Destinée sociale*, son livre le plus remarquable, résu-

mant[1] toutes les théories éparses dans les revues et les journaux, est une exposition de la doctrine phalanstérienne qui s'adresse à la fois aux gens du monde et aux hommes de science et dont le plan est établi avec une régularité, une rigueur scientifique de déduction parfaite. Certaines pages rapides, colorées, ont un véritable charme. C'est dans cet ouvrage qu'après une verte diatribe contre notre civilisation « absurde et malfaisante surtout en matière d'éducation » il a développé le mode d'une éducation *unitaire, intégrale* et *composée*, c'est-à-dire égale pour tout le monde en même temps que variée suivant les aptitudes et les occupations de chacun. Dans la brochure ayant pour titre *Débâcle de la politique en France*, il a signalé le vide des discussions politiques et indiqué les études positives par lesquelles il conviendrait de les remplacer une fois que le terrain politique et social aurait été débarrassé des sophismes et des préjugés qui l'encombrent Dans une autre intitulée *Immoralité de la doctrine de Fourier*, il a réfuté toutes les accusations portées contre la théorie sociétaire et il a démontré que Fourier n'a pas voulu permettre à l'homme de lâcher la bride à ses passions, ni attaquer la morale et

[1] 2 vol. in-8°. Paris, 1834 et 1838.

les moralistes, ni proposer des coutumes sanc-
tionnant des relations réprouvées par la morale.

Le *Manifeste de l'École sociétaire*[1] fut une
véritable profession de foi dans laquelle il prit
nettement position en face du public, exposant
les principes constitutifs de la société politique,
développant la théorie des réformes sociales,
déterminant les conditions régulières de la stabilité et du progrès, offrant à la fois aux conser-
vateurs le moyen d'anéantir à jamais l'esprit
révolutionnaire et aux partisans du progrès le
moyen d'imprimer aux choses la marche la plus
rapide et la plus sûre. Un chapitre important y
était consacré à l'organisation de l'*École sociétaire*, un autre à la création du *Ministère du
Progrès industriel.*

*Le Socialisme devant le vieux monde*, qui parut
au lendemain des journées de Juin, eut pendant
quelques années une vogue immense. A tous
les maux du vieux monde, de l'esclavage, de la
féodalité, du prolétariat, de la misère, ébranlé
dans ses fondements et menacé d'une débâcle
générale, un remède infaillible était présenté, le
socialisme, dont l'idée avait été apportée par le
Christ et qui avait été depuis constamment per-
sécuté par les Apôtres, les Pères de l'Église, la féo-

[1] 1 vol. in-18. Paris, 1841.

11*

dalité, la bourgeoisie, la philosophie même. Les socialistes d'aujourd'hui pourraient relire avec intérêt, dans cet opuscule l'éloquent, appel de Considérant à ses concitoyens pour les adjurer, s'ils tenaient à prévenir la guerre sociale imminente, s'ils voulaient éviter à la civilisation une crise plus redoutable que la chute de la civilisation romaine, de se consacrer avec une ardente fraternité à l'émancipation sociale des prolétaires qui travaillent et qui souffrent, qui créent les produits et les richesses et qui végètent dans l'indigence et les privations.

Profondément convaincu que les idées de Fourier triompheraient à leur heure, Considérant attendait avec calme et sérénité l'avènement d'un ordre social nouveau, se demandant seulement si la transition se produirait d'une manière bienfaisante et régulière, ou bien si elle serait le résultat d'une débâcle générale. Il se défendait de travailler au bouleversement. « Je ne sais pas, disait-il, s'il y a des socia- « listes qui nourrissent de tels projets ; quant « à moi, j'ai toujours cru que la paix, la tran- « quillité, le calme, la discussion et l'expé- « rience sont les seuls moyens de réforme. » Il repoussait toute assimilation des idées de Fourier avec celles des adversaires de la propriété, comme Saint-Simon et Babœuf. Arago, discutant à la Chambre la réforme électorale et ayant un jour affecté de confondre toutes ces opinions, le chef de l'École sociétaire répondit par une brochure dans laquelle, après avoir raillé le savant astronome d'aborder, sans le connaître, un problème immense[1], il établissait que le principe de la propriété était assis sur le fondement inébranlable de la création par le travail et où il démontrait que tout homme conserve sur le fonds primitif un droit qui se traduit par le droit au travail.

[1] La brochure in-8° de huit pages est du mois de juin 1840, elle a pour titre : *Réclamations contre M. Arago et Théorie du droit de propriété.*

En matière de préface, on y lit ces vers :

Attaquer Arago !... mais c'est un astronome
De grand savoir. Herschell en cent endroits le nomme.
Il est vrai, s'il m'eût cru, qu'à la Chambre il n'eût point
Parlé sur des sujets qu'il ignore en tout point.
Il se tue à traîner le boulet politique,
Que n'en reste-t-il donc aux problèmes d'optique.
. . . . . . . . . . . . . . . . . . . . . . .
M'a-t-on vu.....
. . . . . . . . . . . . . . . . . . . . . . .
Attaquer son honneur, ses talents, ses vertus,
Et pour *dégager l'X* des services rendus,
Posant sur ses mérites une équation fausse,
*Egaler à zéro* tout ce qui le rehausse ?
Dieu m'en garde !...
. . . . . . . . . . . . . . . . . . . . . . .
. . . . . . . . . . . . . . . . . . . . . . .
Et s'il est bien prouvé que sur le phalanstère
L'astronome n'en sait pas plus que le Saint-Père,
Le phalanstère peut récuser l'arrêté,
Du député savant, du savant député.

Considérant était un rêveur, mais un rêveur qui poursuivait l'attaque incessante contre la féodalité de la grande industrie et qui préconisait une politique à la fois progressive et conservatrice. Loin de songer à vouloir réaliser de suite le rêve de l'industrie attrayante, il pensait qu'on devait ajourner ces questions et s'occuper tout d'abord des réformes sociales et administratives. C'est dans cet esprit qu'il avait déposé au Conseil général de la Seine une série de projets sur les chemins de fer, sur les assurances, sur les octrois, sur les caisses d'épargne, sur la réforme judiciaire. Partisan de l'impôt progressif, il avait publié une brochure [1], au moment où la conversion de la rente était à l'ordre du jour, pour faire voir que cette mesure serait un impôt déguisé, brusque et révolutionnaire. Son journal *la Phalange*, consacré surtout à l'exposition de ses projets économiques, réclamait le percement de l'isthme de Suez et de l'isthme de Panama, l'association démocratique de l'Orient, de l'Occident, de l'Amérique, conseillait la conquête de Madagascar et le retour au système colonial de Louis XIV. Patriote ardent, il voulait que la France prît l'initiative de toutes les

---

[1] *La Conversion, c'est l'impôt.* Brochure in-8° publiée à la fin de la session de 1844.

affaires du monde. Ses vues politiques témoignèrent plusieurs fois d'une merveilleuse clairvoyance. Les lettres qu'il écrivit au maréchal Bazaine, chef du corps expéditionnaire du Mexique, sont remarquables par les renseignements qu'il donnait alors sur la constitution sociale du pays, par les jugements qu'il portait sur cette aventureuse expédition, par ses justes prévisions sur l'avenir de l'occupation. On connaît peu ces quatre lettres curieuses. Elles furent imprimées à Leipzig en 1868 et elles étaient bien faites pour attirer l'attention de l'opposition qui minait alors sourdement le Gouvernement des Tuileries. « Juarès a commis une faute capitale, » y lisait-on, en n'abolissant pas le *péonage*, cause de l'avilissement vénal du travail et des travailleurs, car sa suppression lui aurait donné une armée nationale capable de jeter Forey à la mer et avec lui l'intervention...
« L'empereur, déjà surpris par le premier échec
« et à qui on avait fait beaucoup de contes
« bleus sur le Mexique, y aurait regardé à deux
« fois avant de recommencer. » Le maréchal Forey s'y trouve durement traité. « Ce nouveau Vauban, inventeur du tir en brèche contre les villes ouvertes, qui ne savait pas même lire la carte du pays, qui s'est préparé Puébla pour y

gagner le bâton, l'a parfaitement mérité, à la condition de s'entendre sur la façon dont on devrait le lui administrer ! » La situation de Maximilien y est signalée comme la plus extraordinaire, la plus difficile, la plus périlleuse ; l'intervention, jugée politiquement absurde ; l'idée de créer un empire en Amérique avec une cour, une noblesse, une hiérarchie de dignités et de dignitaires qualifiée de contre-sens grossier, d'infatuation bête, de barbarisme grotesque. Il donnait à Bazaine le conseil de partir, de rentrer sans attendre des instructions, sans en demander, afin de sauver surtout les hauts intérêts de la France. « Napoléon, en allant à Mexico, lui « écrivait-il, pourrait bien avoir pris une route « de Madrid ou de Moscou, menant à quelque « Sainte-Hélène obscure cette fois et piteuse ! » La prédiction s'est cruellement vérifiée.

Réformateur convaincu, Considérant, assez sceptique à l'endroit du suffrage universel, s'était rallié en 1851, comme la plupart des socialistes, au système de la législation directe préconisé par Ritting Hausen. « La souveraineté du peuple, disait-il, est un dogme sur lequel s'appuient tous les usurpateurs [1], » et il était d'avis de renoncer au régime représentatif et au parlementarisme.

[1] Quatrième lettre du 29 juin 1867.

Il s'est toujours montré sincèrement libéral et, toute sa vie, il n'a cessé d'opposer l'évolution sociale, calme et pacifique, au système des révolutions successives. Respectueux de toutes les convictions, il n'eut jamais d'autre but que celui de convaincre. Ses amis du Quartier-Latin se souviennent que, dans les derniers jours de sa verte vieillesse, il aimait à leur dire, faisant allusion à certains socialistes actuels : « Nous, du moins, nous n'avons jamais combattu qu'avec des idées ! »

M. Krantz, l'éminent ingénieur qui a construit le Palais de l'Exposition universelle de 1867, qui, en 1870, a mis en état de défense une partie de l'enceinte de Paris, qui a été membre de l'Assemblée nationale, est le seul polytechnicien survivant des premiers adeptes. Sous l'inspiration des idées phalanstériennes, il a publié dans sa jeunesse une *Étude sur l'application de l'armée aux travaux publics*. Dans cette étude, bientôt suivie d'un projet de création d'une armée des travaux publics, il a passé rapidement en revue les opinions des écrivains, des penseurs, des militaires sur une question mise à l'ordre du jour depuis 1830 : il a réfuté les idées que Michel Chevalier développait en disciple de Saint-Simon, rappelé les expériences faites dans l'antiquité et

celles qui venaient d'être tentées récemment en
France et à l'Étranger, et il a montré qu'on pourrait résoudre la question conformément aux
principes de charité, de tolérance et de liberté,
d'une manière utile au Trésor, à l'armée elle-
même, sans diminuer la puissance du pays, « en
rendant le soldat un peu ouvrier, l'officier un peu
ingénieur, en opérant la réconciliation sincère
des chefs de l'armée et des idées nouvelles ».
M. Krantz a fait paraître encore, il y a quelques
années, deux volumes d'*Entretiens*[1], dans lesquels il livre, au courant de la plume, à ses amis,
ses idées sur Dieu, l'âme, la religion, la patrie,
la famille, l'évolution humaine. Cet ouvrage,
empreint d'un spiritualisme ardent, reflète un
vague souvenir de ses aspirations premières, en
prouvant à l'homme qu'il peut arriver à se
constituer des croyances très suffisantes pour
ses besoins par le seul recours aux lumières de
la science.

A. Tamisier, savant officier d'Artillerie, le
premier qui ait su déterminer par le calcul la
forme qu'il convenait de donner à la rayure des
canons, est parvenu au grade d'officier général
et, en 1848, a été élu représentant du peuple. On

---

[1] *Entretiens*, par J.-B. KRANTZ. Paris, Chaix, 1892, 2 vol.

a de lui une curieuse brochure [1] dans laquelle
le problème social se trouve posé d'une façon
tout à fait mathématique et sa solution donnée
par la mise en pratique des plans d'association
sociétaire. Ce problème consiste pour lui à déterminer les fonctions de l'humanité dans l'ordre
général de l'univers et à trouver le moyen
d'appliquer toutes les forces humaines à l'exercice de ces fonctions, et il montre, après une
rapide revue pleine de sagacité et d'élévation
des lois générales des sociétés, comment Fourier
en a trouvé la solution en organisant la variété
des fonctions administratives, domestiques et
industrielles, de façon à diriger toutes les facultés
intellectuelles, passionnelles et physiques de
l'homme vers l'accomplissement de sa fonction,
c'est-à-dire vers le bonheur de l'humanité.

Le colonel d'Artillerie Hippolyte Renaud a donné
jusqu'à la fin de sa vie l'exemple des plus hautes
vertus. Il a laissé un résumé rapide et général de
la conception de Fourier, le meilleur peut-être
de tous ceux qui ont été publiés [2]. On y trouve
exposées toutes les données positives de la raison
et de la science qui conduisent à la doctrine de

[1] A. Tamisier, *Coup d'œil sur la théorie des fonctions* Cette
brochure fut lue par Considérant au Congrès de Lyon en 1841.
  [2] Hippolyte Renaud, *Solidarité*. 1 vol. in-8°, Paris, 1842,
imprimé à Besançon.

l'association industrielle et agricole, avec toutes les conséquences ultérieures de l'application de la loi d'harmonie aux relations humaines, d'où se dégage la haute moralité des vues du maître. Spiritualiste ardent, il a exposé dans un intéressant petit livre, sans préjugés, sans prétentions, avec un cœur droit, une foi sincère, ses idées sur l'immortalité de l'âme [1]. Il l'explique non comme Pierre Leroux, qui fait renaître l'homme indéfiniment sur la terre aussitôt après la mort, ni comme Jean Reynaud par une succession d'existences sur d'autres planètes où les âmes vont habiter suivant qu'elles s'en sont rendues dignes, mais par une double série de stations alternées dans le monde visible, puis dans le monde invisible. On lui doit aussi des recherches sur les causes de la gravitation universelle [2].

Charles Richard [3], officier distingué de l'arme du Génie, l'auteur de tant d'ouvrages intéressants dont nous avons parlé précédemment [4], ami intime du Père Enfantin qui lui a dédié son dernier ouvrage *la Vie éternelle*, est

[1] *Destinée de l'homme dans les deux mondes*, par Hippolyte RENAUD. Paris, Ledoyen, 1862.

[2] Mémoire présenté à l'Académie des Sciences, le 25 janvier 1864.

[3] De la promotion 1834.

[4] *Les Révolutions inévitables dans le globe et l'humanité. — Les Lois de Dieu et l'Esprit humain.*

resté un fervent adepte des idées phalanstériennes. Intimement persuadé que le principe
des attractions proportionnelles aux destinées
se présentait avec l'autorité d'un axiome, avec
tous les caractères d'une vérité fondamentale,
il a prédit que la rénovation sociale annoncée
par Fourier « se réaliserait sans effort comme un
phénomène naturel de croissance et de développement ».

Nicolas Lemoyne [1] a exposé les éléments du
mécanisme sociétaire et montré les avantages
que la France et les autres États devraient
retirer de l'ordre social harmonien, en adjurant
les artistes d'étudier ce mécanisme qui, à ses
yeux, réalise véritablement la vie d'artiste dans
tous les genres de travaux.

Charles Laboulaye [2], l'auteur et l'éditeur du
*Dictionnaire des Arts et Manufactures*, qui collabora avec son frère Édouard à la publication
des œuvres de Channing, a publié, en 1868,
*l'Organisation du travail*, et plus tard un *Essai
sur l'Art industriel*.

Piton-Bressaut, estimé dans le corps d'Artil-

---

[1] LEMOYNE (Désiré-Nicolas), ingénieur des Ponts et Chaussées, de la promotion 1813, auteur de *l'Association par phalanges*.

[2] LABOULAYE (Ch.-Paul-Édouard), entré à l'École en 1831,
démissionna après sa sortie de l'École de Metz.

lerie de la Marine pour l'étendue de ses connaissances, pour la distinction et l'affabilité de ses manières, donna sa démission en 1852 et entra dans l'enseignement, devint rédacteur en chef du journal *l'Ami des Sciences* et marqua de son empreinte de phalanstérien fervent ses remarquables travaux sur presque toutes les sciences.

Bureau Allyre, après avoir été professeur de mathématiques et de musique et collaboré longtemps à la rédaction de *la Démocratie pacifique*, a obtenu une certaine notoriété comme publiciste. On lui doit plusieurs compositions musicales appréciées, des brochures politiques et d'excellentes traductions de romans anglais, entre autres : *le Chasseur de chevelures*, *le Corps des Riflemen*, *le Buffalo blanc*, de Mayne-Reed.

Tous ces polytechniciens, disciples de Fourier, étaient, comme leurs camarades saint-simoniens, de nuances très diverses. Il y eut aussi chez eux des ultra et des hérétiques. La plupart acceptèrent intégralement l'héritage de leur maître; ils ne modifièrent en rien sa doctrine; ils ne firent que répandre les germes féconds déposés par ce penseur de génie. Ce qui les avait séduits, c'étaient ses théories générales touchant à toutes les sciences, l'his-

toire, les mathématiques, l'industrie, les lettres,
la philosophie, sa méthode de recherche suivant une règle analogue à celle d'un problème
mathématique. Ils étaient convaincus comme
lui que, si l'humanité ne fonctionnait pas, c'est
qu'on s'obstine à lui donner une impulsion
contraire à l'impulsion divine, laquelle veut
laisser à tous les penchants, même mauvais, un
emploi nécessaire dans la destination générale
des êtres. A l'exemple de Considérant leur chef,
ils regardaient l'homme et son organisme
comme la donnée d'un problème, la forme
sociale comme l'inconnue qui devait être déterminée par les conditions de l'action des passions considérées comme des forces. De leur
confiance en la puissance du raisonnement
sont nées toutes les théories, dont plusieurs
sont en faveur aujourd'hui, sur la réalisation du
bonheur de l'humanité par le concours de l'humanité entière. On les a traités d'utopistes ; leur
tort fut de s'être peut-être trop pressés de vouloir faire vivre la société actuelle de la vie d'harmonie. Leurs camarades saint-simoniens les
ont attaqués les premiers avec violence. Michel
Chevalier disait qu'il n'avait jamais pu lire
quatre pages de leur système « bizarre, bâti en
l'air » ; Lambert soutenait qu'il l'avait étudié

pour toute la famille sans y rien comprendre;
Tourneux déclarait, dans une conférence faite à
Metz aux prosélytes de Considérant, « qu'il n'y
avait place chez eux ni pour le dévouement ni
pour la constance ». De leur côté, les disciples
de Fourier ont critiqué injustement « les pièges
et le charlatanisme » des saint-simoniens, auxquels ils reprochèrent plus tard d'avoir renié
leurs principes, d'avoir accrû l'agiotage des
affaires et de s'être faits les complices de la féodalité financière. La guerre a éclaté de bonne
heure entre les deux écoles, guerre d'autant
plus vive qu'elles servaient la même cause. On
s'accorde du moins à reconnaître l'élévation de
caractère, la chaleur de sentiment, le désintéressement et l'abnégation des fouriéristes. Leurs
efforts persévérants, leur sympathie pour les
classes souffrantes, leur ardent désir de servir
l'humanité, ont fait pénétrer dans la conscience
des masses le principe d'association, devenu le
mot de ralliement des novateurs modernes, le
point de départ des ligues pour la paix, la protection de l'industrie, le développement colonial
et de toutes ces tentatives que nous voyons se
produire sous nos yeux pour grouper les forces
sociales.

# IV

Auguste Comte, la plus puissante émanation de l'École polytechnique, est regardé aujourd'hui comme le plus grand penseur du siècle. Partout il est mis à sa place à côté de Descartes et de Leibnitz. Son œuvre n'est pas purement une philosophie spéculative ; c'est avant tout une conception sociale. Il s'est en effet assigné pour mission de réorganiser la société. Tous ses efforts ont tendu vers ce but. Émancipé des croyances théologiques, initié à toutes les connaissances réelles, ayant complété son instruction encyclopédique par les études biologiques et par la lecture des philosophes, il s'est proposé de constituer un nouveau pouvoir directeur de la société, puis d'élaborer une doctrine à la fois scientifique, politique, religieuse, embrassant toutes les manifestations de la pensée, des sentiments, de l'activité humaine[1].

[1] Dans cet exposé très rapide nous avons fait de larges emprunts à la notice du D' Audiffrent.

Sa philosophie, préparée par Bacon et par Descartes, résulte essentiellement des philosophies particulières à chacune des six sciences abstraites : astronomie, physique, chimie, biologie, physique sociale ou sociologie. Elle est l'ensemble des lois qui régissent les phénomènes naturels. C'est à la fois une méthode qui se préoccupe uniquement de la recherche des lois, en éliminant toute question étrangère d'origine ou de fin, et une doctrine qui relie en un faisceau toutes les généralités scientifiques dont elle fait ressortir le caractère social et la destination. Elle limite nos spéculations au seul monde réel que nous pouvons percevoir. Elle proscrit toute théologie, toute métaphysique, comme autant de vaines fictions, « de chimères subjectives ». Elle proclame que tout, dans l'univers, est soumis à des lois immuables, aussi bien dans l'ordre physique que dans l'ordre social. C'est en quelque sorte une protestation de la science contre le cartésianisme, le sensualisme, le kantisme, l'éclectisme et tous les systèmes imaginés par les réformateurs modernes. La grande loi des trois états, révélée par l'étude de la succession des événements sociaux et étendue à l'ensemble de nos conceptions, fixe et précise la marche de l'entendement;

en permettant d'établir la hiérarchie des connaissances humaines d'après un ordre de généralité décroissante et de complication croissante,
elle a consacré le passage de toutes les recherches
possibles à l'état scientifique définitif.

Son œuvre politique et religieuse a été poursuivie avec une obstination constante et, quoi
qu'on ait dit, avec une admirable continuité de
méthode. Elle consiste dans la constitution de la
sociologie qu'il a entièrement fondée, qu'il a
définie dans son objet, son but, sa méthode et
qu'il a étudiée successivement sous le rapport
statique de la structure relatif à l'existence,
indépendamment des temps et des lieux, ainsi
que sous le rapport dynamique de l'évolution à
travers les âges. On y trouve les grandes théories relatives aux parties essentielles de l'organisme social : la propriété, la famille, le langage,
le gouvernement. On y voit le tableau magistral
des grandes phases de l'évolution humaine, le
fétichisme et la théocratie, le polythéisme grec
essentiellement intellectuel, le polythéisme
romain tout social, le régime catholico-féodal,
enfin la grande phase révolutionnaire dans
laquelle nous sommes encore. Il en ressort
avec évidence la marche qu'a suivie l'activité
des sociétés, d'abord militaire et conquérante,

puis scientifique et industrielle et, par conséquent, la loi scientifique du progrès, « non pas « en ligne droite, mais par une série d'oscilla- « tions autour d'un mouvement moyen qui tend « toujours à prédominer et dont l'exacte con- « naissance permet de diminuer les oscilla- « tions ». Ce précepte pratique la résume : imprimer à la société par l'action politique une direction qui facilite la transition vers l'état social définitif.

La religion de l'*Humanité* est, pour les disciples du grand philosophe, qui sont restés dans l'orthodoxie, sa conception maîtresse[1]. L'humanité telle que Comte la conçoit se compose de tous les êtres humains, passés, présents et futurs. Vaste organisme d'une activité spontanée dont l'existence et le développement résultent de la solidarité indéniable des générations dans le passé et dans l'avenir, c'est le *Grand Être*, immense, éternel, tout-puissant, la raison de notre conduite, de nos devoirs, la condition de notre bonheur ; en un mot, notre Providence. Son avènement doit amener le salut du monde. Le dogme, le culte, le régime, que cette religion comporte, résultent d'une théorie rationnelle des fonctions physiques, intellectuelles et morales du cerveau,

[1] D' AUDIFFRENT, *Auguste Comte.* Paris, 1894.

qui concourent à toutes nos opérations actives, spéculatives et affectives. Le dogme, base positive, inébranlable de la foi, est l'ensemble des vérités scientifiques, des connaissances toujours croissantes et toujours démontrables. Le culte, personnel ou public, destiné à relier le régime au dogme en les idéalisant tous les deux, a pour objet une sorte d'évocation cérébrale par laquelle on fait revivre les êtres chéris. Le régime règle la vie personnelle, la vie domestique, la vie publique et chacune des phases de notre existence par cette formule sacrée : *l'amour pour principe et l'ordre pour base, le progrès pour but.*

La synthèse subjective, qui devrait rattacher l'ordre concret et l'ordre abstrait au principe de l'humanité, systématiser les divers modes déductifs et inductifs, embrasser le monde tout entier et couronner l'œuvre, n'a pu être achevée. Elle eût dissipé tous les malentendus scientifiques, doté la raison humaine du plus puissant instrument d'investigation et présidé à l'éducation universelle.

Auguste Comte, par la conciliation de l'ordre et du progrès, pensait arriver à rétablir l'harmonie dans le monde, le jour où tous les esprits auraient accepté des croyances uniquement ba-

sées sur ce qui est matériellement démontré, et
où ils auraient été tournés essentiellement vers
l'altruisme par un système de culture positiviste
ayant la science pour moyen, l'humanité pour
but. Il n'attaque aucune croyance. Il ne nie et
n'affirme rien sur Dieu, l'âme, l'immortalité. Il
ne reconnaît que la raison. Il défend la famille;
il améliore la condition des femmes; il érige la
propriété en « une fonction sociale »; il institue
tout un ensemble de devoirs sociaux. Sa morale,
qu'il est parvenu à élever au rang de véritable
science, a pour principaux axiomes :

> Vivre par affection et penser pour agir.
> Vivre pour autrui, vivre au grand jour.
> Nul n'a droit qu'à faire son devoir.

C'est la plus élevée qu'on ait jamais proposée.
Son plan d'éducation populaire est le plus
complet et le plus pratique qu'aient élaboré les
pédagogues. En politique, il soutient que l'esprit d'examen doit disparaître comme dans les
sciences mathématiques, et, avec lui, le principe
de la souveraineté du peuple et l'idée de droit.
Animé d'ardentes sympathies pour les prolétaires,
il défend énergiquement leurs privilèges nécessaires; mais il combat les sectes communistes
et il repousse les doctrines métaphysiques des

économistes, affirmant le droit de l'autorité
d'intervenir dans les relations entre les ouvriers
et les patrons. Pour exercer le pouvoir central,
qu'il veut énergique et prépondérant, il réclame
une véritable dictature. C'est ce qui a fait
dire à Stuart Mill que son système est le des-
potisme spirituel le plus complet qui soit jamais
sorti d'un cerveau d'homme, excepté peut-être
celui d'Ignace de Loyola.

On sait quelle influence considérable A. Comte
a exercée sur le monde pensant contemporain.
En France, Renan, Taine, Cournot, Vacherot,
Sainte-Beuve, About, Ed. Scherer, Renouvier;
en Angleterre, Stuart Mill, Grotte, Bain, Bai-
ley, Lewes, Herbert Spencer ; en Belgique, La-
velye, Quetelet. appartiennent plus ou moins
au positivisme par le fond de leur doctrine. Le
mouvement sociologique actuel du monde procède de lui tout entier. Pour préparer l'avènement de sa doctrine il comptait sur les institutions
de haut enseignement, comme l'École de Médecine
et surtout l'École polytechnique, cette dernière
constituant à ses yeux, malgré son caractère
incomplet, « l'une des plus précieuses ressources
ménagées par le passé pour conduire à la réor-
ganisation finale des sociétés modernes ». Mais
son enseignement oral n'attira qu'un très petit

nombre de ses camarades, parmi lesquels Poinsot, Fourier, Valat, Lamoricière, à la première exposition de son système, devant Broussais, Blainville et Humboldt. La lecture de ses livres a rebuté le plus grand nombre par la dureté du style où se trahit la préoccupation constante de ne négliger aucune nuance afin qu'on n'attache pas à ses propositions un sens trop absolu. C'est pourquoi la philosophie positive n'a pénétré que par une infiltration lente dans les esprits polytechniciens.

Le premier et le plus enthousiaste de ses disciples, M. Célestin de Blignières[1], s'est bientôt séparé de lui. Il a publié une *Exposition abrégée et populaire* de la doctrine positiviste, acceptant la philosophie et même la religion, mais repoussant la liturgie subjective, et il a écrit plusieurs ouvrages que les disciples fidèles se refusent à regarder comme orthodoxes.

Le Dr Audiffrent[2], l'un de ses exécuteurs testamentaires, s'est acquitté d'une dette de reconnaissance en publiant, à l'occasion du Centenaire de l'École polytechnique, une notice sur

[1] CÉLESTIN DE BLIGNIÈRES, auteur de : *La Doctrine positive.* In-8°, 1867, Paris, Hurtan. — *Lettre à l'évêque d'Orléans sur la morale.* Paris, Havard, 1863. — *Progrès des idées politiques.* 1864, Nantes, Sausset. — *La Vraie Liberté*, 1860.

[2] AUDIFFRENT, élève démissionnaire, de la promotion 1842.

la vie et la doctrine de son maître aimé et
vénéré [1]. Il a retracé dans cette notice toute la
carrière du grand philosophe. Il l'a montré
poursuivant, avec un caractère indomptable,
au milieu des plus grands obstacles, des tour-
ments les plus poignants, des souffrances les
plus intimes, des secousses les plus terribles,
la mission sociale qu'il s'était assignée dès ses
premiers pas dans la vie. Il a analysé son
œuvre, chapitre par chapitre, reproduisant pres-
qu'en entier les pages les plus remarquables, et
en en faisant merveilleusement ressortir l'unité.
Il a suivi pas à pas le génie novateur dans son
ascension graduelle depuis le moment où il
institue un pouvoir spirituel, visant à diriger
l'éducation, où il proclame la prépondérance du
cœur sur l'esprit et où il fait appel à l'art pour
présenter, en des images toujours réelles, les
conditions du beau, du vrai et du bien, jusqu'à
celui où, arrivé à sa maturité, après un dur
labeur, il fonde une religion et ouvre les voies
de l'avenir. La fondation religieuse apparaît
aux yeux du disciple enthousiaste comme une
conséquence naturelle de l'institution philosophique; elle est pour lui le couronnement

---

[1] *Notice sur la Vie et la Doctrine d'A. Comte*, par
G. AUDIFFRENT. Paris, Paul Ritte, 1894.

de l'œuvre et elle fait du maître l'émule de saint Paul et de Mahomet. Nulle exposition plus éclatante n'a été présentée de la doctrine organique. M. Audiffrent est convaincu que cette doctrine permet d'embrasser l'ensemble des affaires terrestres, de déduire l'avenir du passé, qu'elle est seule apte à diriger le présent, et il s'est appliqué à en montrer la puissance et la portée à tous ses camarades qui s'intéressent à l'avenir du pays et aux destinées humaines.

M. Léopold Bresson[1], parfaitement au courant des idées scientifiques, des faits, des aperçus, des théories nouvelles, dont les sciences d'observation et d'expérience se sont enrichies depuis un demi-siècle, a écrit, sous l'inspiration de la philosophie positive, un petit livre dans lequel il s'est proposé[2] de marquer le point où est arrivé aujourd'hui l'esprit moderne à l'égard de chaque ordre de conceptions. Il y a mis pour ainsi dire, au courant de l'état de la science, les parties mathématiques, physiques et naturelles qui, dans Comte, ne sont plus, on le sait, en rapport avec les progrès récents. Il y a relevé avec sa parfaite compétence les passages qui

[1] BRESSON (Léopold), ingénieur des Ponts et Chaussées, de la promotion 1835.
[2] *Idées modernes*. Paris, Reinwald, 1881.

ne lui paraissaient ni à l'abri de la critique,
ni exempts d'erreur. Il y a mêlé des remarques
très judicieuses sur les points qui prêtent à la
controverse philosophique, particulièrement sur
les prévisions trop inflexibles, relatives à l'avenir de l'humanité. L'existence de lois sociolo-
giques réglant la nature, les relations, la filiation
des divers états sociaux par lesquels passe
l'espèce humaine lui semble absolument démon-
trée, et il estime que cette notion, une fois
qu'elle sera universellement admise, aura pour
conséquence la substitution dans les idées et
dans les faits de l'évolution à la révolution,
l'abandon des tentatives violentes et des plans
chimériques pour les réformes sagement pro-
gressives basées sur la prévision des phénomènes, comme dans toute autre science positive
Adversaire du matérialisme et de l'athéisme,
convaincu que l'Église doit nécessairement
succomber dans la lutte qu'elle a engagée contre
la science, contre le progrès, contre les tendances invincibles des sociétés modernes,
M. Bresson confesse avec sincérité qu'il est
prêt d'accepter tout entière la confession religieuse d'Auguste Comte. « Lorsque je lus pour
la première fois, dit-il, ses ouvrages, et en particulier le *Catéchisme positif*, cet exposé d'une

religion nouvelle, au milieu de l'incrédulité et de
l'indifférence de l'époque, refroidit jusqu'à un
certain point l'admiration que j'éprouvais pour
la première partie simplement philosophique et
scientifique. Cette imitation évidente de l'organisation catholique et féodale, ces expressions
mêmes de Grand Être, de sacerdoce, de sacre-
ments, puis celles de patriciat, de prolétariat,
m'inspiraient une sorte de répulsion, ou tout au
moins de défiance. Mais je confesse que les impressions se sont atténuées par la réflexion ; que,
sur beaucoup de points, j'ai même dépassé l'hési-
tation et que je me sens de plus en plus disposé à
croire que, sous certaines réserves, sauf le délai
d'avènement, sauf la mesure et le degré dans la
réalisation, cette doctrine renferme une bonne
partie, sinon la totalité de l'avenir de l'humanité [1]. » Son petit livre, œuvre de bonne foi,
d'un honnête homme, d'un cœur généreux, d'un
bon citoyen, est peut-être le meilleur résumé de
la philosophie positive qui ait été publié.

Dans un second ouvrage [2], œuvre de conden-
sation et de vulgarisation liant et coordonnant
les travaux de Comte et de Spencer, il a jeté un
coup d'œil rapide sur l'évolution humaine con-

[1] *Idées modernes*, p. 313.
[2] *Études de Sociologie*, par L. Bresson. Paris, Reinwald, 1889.

sidérée sous les trois aspects intellectuel, social
et moral. Après avoir résumé les notions essentielles de la synthèse positive que fournissent
les sciences inorganiques et organiques, puis
en quelques traits principaux les conclusions
de l'étude des faits sociaux, il a indiqué la
part de vérité contenue dans les conceptions de
ces deux philosophes sur l'avenir humain, part
qui sera longtemps sans doute le résultat d'une
transaction entre leurs tendances. Il a exposé
ensuite les conclusions moins contestables et
plus précises relatives à l'évolution morale, et
il a indiqué enfin le but idéal vers lequel
l'humanité doit tendre, celui où l'homme aura
acquis la maximum de bonheur compatible
avec les conditions de sa nature et de son
milieu et dont la réalisation résoudrait le problème de la destinée sociale.

Beaucoup de polytechniciens répandus aujourd'hui dans tous les services militaires
et civils ont embrassé plus ou moins ouverte-
ment la doctrine positiviste. M. Pierre Laffitte,
chargé de son enseignement officiel, pourrait
dire les noms de ceux qui assistent à ses leçons
si suivies du Collège de France. Lors des céré-
monies du Centenaire de la fondation de l'École
au Père-Lachaise, où il fut convié à venir, sur

la tombe de Comte, apprécier l'importance de l'esprit scientifique et la portée sociale de son développement.[1], et où M. Henri Duportal [2] sut caractériser, dans une courte allocution, l'évolution de l'institution, le nombre était grand de ceux qui avaient tenu à honorer la mémoire du grand penseur. Quelques-uns acceptent sans restriction toute sa doctrine; la plupart, à l'exemple de Littré, n'adoptent que la première partie de sa philosophie. L'enseignement de l'École, qui admet seulement ce qui est positif, vérifiable et démontrable, et auquel il ne manque que l'étude des sciences biologiques pour être complet, les a merveilleusement préparés à participer au mouvement qui entraîne, à cette heure, les intelligences vers l'extension de l'esprit positif au domaine social; et le terrain commun sur lequel tous se réunissent avec le maître est la conception finale de notre existence pour et par la famille, la patrie, l'humanité.

[1] Discours prononcé par M. Pierre Laffitte, le 18 mai 1894.
[2] Henri Duportal, ingénieur des Ponts et Chaussées, de la promotion 1857.

## V

Deux officiers du Génie, le général Noizet et le commandant Charles Richard, ont dirigé leurs spéculations vers la recherche du bonheur.

Le général Noizet [1] est l'auteur d'un système philosophique qui, de l'avis de M. Alfred Maury, « n'a point eu la publicité dont il était digne ». Il semble qu'il ait voulu éviter d'appeler les regards du public sur un système incomplet, établi dans l'une de ses parties sur un terrain peu assuré, mais qui lui paraissait pourtant plus près de la vérité que celui de ses devanciers et qui « porte le cachet d'une con« ception libre et originale [2] ». Tout s'y enchaîne assez rigoureusement. Les idées sur la connaissance de l'homme, la connaissance de Dieu, les rapports entre l'homme et Dieu, qui avaient occupé et dominé le général depuis sa

[1] Noizet, général de division du Génie, né à Paris en 1792, entré à l'École polytechnique en 1809, mort à Charleville le 27 avril 1885.

[2] Alfred Maury, article du *Journal des Savants*, année 1886.

jeunesse, y sont recueillies et ordonnées. Des
considérations nouvelles s'y rencontrent sur
l'esprit et la matière, sur l'influence réciproque
du physique et du moral, particulièrement dans
les chapitres qui traitent du sommeil et des
divers états pathologiques analogues. Des questions de cosmogonie, de géologie, de biologie,
y sont traitées dans leurs rapports avec la théodicée. L'explication de l'univers dans l'ordre
physique, puis, d'une manière plus générale,
dans l'ordre moral, y est basée sur la coexistence
éternelle de la matière et de l'esprit. Les phénomènes de la vie des êtres organisés y sont
présentés, selon la théorie des philosophes
vitalistes, comme ayant pour cause l'esprit particulier qui anime chacun d'eux. La conclusion est que l'homme n'est pas responsable de
ses actions devant Dieu, autrement Dieu serait
responsable devant lui-même, mais que cependant la morale telle que l'ont conçue tous les
théologiens peut et doit conserver tout son
empire. Ce qui fait l'originalité du système,
c'est la fondation de la métaphysique sur l'analyse psychologique des facultés de l'âme. Une
étude des actes apparents de l'esprit montre
d'abord que l'âme est à la fois intelligente, c'est-
à-dire capable de sentir la matière, puissante,

c'est-à-dire capable d'agir sur elle, ensuite qu'il n'est pas un acte de notre intelligence qui ne soit accompagné d'une certaine action matérielle sur quelque partie de notre être, ni aucun acte émané du moi qui ne dénote une intervention quelconque de l'intelligence. Une analyse des facultés seulement les plus saillantes signale la manière d'être de l'esprit par rapport à la matière, non seulement dans la manifestation des actes apparents, mais aussi dans les opérations secrètes que la conscience ne connaît pas. Tout acte psychique, tel que la sensation, l'instinct, la pensée, le raisonnement, la conscience, la joie, la douleur, est présenté ainsi comme le résultat d'une action de l'esprit sur la matière, action tantôt consciente, tantôt inconsciente, mais incessante et multipliée à l'infini. Les phénomènes anormaux de l'état de veille, tels que l'extase, l'illuminisme, les sortilèges, ceux du sommeil et surtout ceux de l'état de somnambulisme sont appelés à fournir la preuve de la double action qu'exerce l'âme sur nos organes, l'une sentie par le moi, l'autre occulte, complètement ignorée de la conscience [1].

[1] Général Noizet, *Études philosophiques.* 2 vol. in-8°, Paris, Plon, 1864.

Le général Noizet, âgé de plus de quatre-vingts ans, publia encore quelques ouvrages de philosophie. *Le Dualisme ou la*

Le général Noizet s'était occupé depuis longtemps des phénomènes de mesmérisme et de
spiritisme. Dès l'année 1815, aux séances de
magnétisme animal données à Paris par l'abbé
Faria, il avait été témoin de plusieurs cas de
somnambulisme instantanément provoqué et,
après s'être soumis lui-même aux expérimen-
tations, il avait cru démêler dans les théories
mystiques de l'abbé un fonds d'idées digne d'examen. Trois ans après, ayant été amené à étudier
et à travailler ces questions de concert avec le
Dr Alexandre Bertrand qui les enseignait pu-
bliquement, il en avait fait l'objet d'un mé-

*Métaphysique déduite de l'observation* n'est qu'un exposé
sommaire de son système de philosophe (1 vol., Plon, 1872).

Les *Mélanges de philosophie critique* le reproduisent encore
une fois. Ils contiennent en outre des articles relatifs à divers
mémoires de MM. Franck, Albert Lemoine, Paul Janet et Caro,
ainsi qu'une notice sur les esprits dans laquelle il explique
par des considérations scientifiques les phénomènes du spiritisme moderne (1 vol., Plon, 1873). Enfin, dans l'*Examen philosophique du livre de Littré intitulé « Médecine et Médecins »*,
il reconnaît qu'il n'avait eu qu'une connaissance incomplète
des relations, étudiées depuis, entre l'état somnambulique
et les maladies du système nerveux, et il revient au mode
d'action des fonctions physiologiques pour expliquer ces phénomènes (1 vol., Plon, 1875). Il laisse en outre, dit son biographe, le général Servier, un manuscrit, un dictionnaire
spécial contenant la matière d'un gros volume, qui lui paraissait utile pour l'intelligence précise de ses ouvrages de philosophie. (*Notice sur les Œuvres philosophiques du général
Noizet*, Plon, 1885.)

moire à l'Académie des Sciences de Berlin [1].
Son mémoire ne fut publié que trente-quatre
ans plus tard [2]; il faisait sortir du merveilleux
les faits de somnambulisme, établissait la réalité de ces faits contestés alors par la majorité
des médecins, les rattachait à la physiologie,
leur véritable domaine, et contribuait ainsi à
dissiper les préjugés. C'est en cherchant l'explication de ces phénomènes, source psychologique, d'après lui, « la plus abondante qui puisse
« jamais être offerte aux philosophes, qu'un fu-
« neste aveuglement empêche de venir y puiser »,
qu'il fut conduit à une théorie des facultés de
l'âme. « Je n'oserai le suivre avec confiance sur
« ce terrain, » a dit M. Franck dans un rapport
à l'Académie des Sciences morales et politiques;
« il serait difficile, pour ceux qui se sont occu-
« pés des facultés générales de l'esprit humain,
« de voir dans des faits aussi étranges autre
« chose que des cas de pathologie et d'ériger
« en lois générales des crises particulières [3]. »
La métaphysique, aux yeux du savant officier

[1] Noizet et A. Bertrand rédigèrent alors chacun un mémoire
en vue du Concours ouvert à Berlin en 1818. Par suite d'une
erreur de date, les deux mémoires arrivèrent trop tard.

[2] Noizet, *Mémoire sur le Somnambulisme et le Magnétisme
animal*, adressé en 1854 à l'Académie des Sciences de Paris.

[3] Rapport de M. Franck du 10 décembre 1864.

général, n'est pas une science purement abs-
traite; elle est, par un certain côté, une science
expérimentale qui ne doit être qu'une extension de la psychologie. Il l'a déduite de l'observation dans l'opuscule qui résume toute sa doctrine [1] et dans lequel, en faisant ainsi une large
part à la spéculation, il a envisagé et expliqué
comment on doit comprendre les questions de
Dieu, de libre arbitre, de morale, de religion,
sur lesquelles s'est de tout temps exercée la
sagacité des philosophes. Sa croyance en un
Dieu remplissant et animant le monde, dont il
est pourtant distinct, ne l'empêche pas de décla-
rer que toutes les religions sont bonnes qui
proclament ce Dieu souverain maître et auteur
du bien.

En cherchant à appliquer ses idées à la conduite des hommes et à la direction des masses,
il s'est aventuré sur le terrain de la politique.
Son intention était de s'en tenir à des principes
généraux sur la législation et sur les conditions
nécessaires à un gouvernement pour qu'il soit
efficace et durable [2]; malheureusement, dans le

[1] Noizet, *le Dualisme ou la Métaphysique déduite de l'observation*.

[2] Ces principes ont été résumés plus tard par le général
Noizet dans un article de ses *Mélanges philosophiques*.

dernier chapitre de ses *Études philosophiques*, chapitre intitulé *Utopie*, il n'a pas pu s'empêcher d'aborder la pratique. C'est dans ce chapitre, où se trouvent démontrés la nécessité et les avantages d'une noblesse, la façon de l'organiser avec ses grades et ses privilèges, tout un système de hiérarchie sociale, qu'un projet de sénatus-consulte porte organisation de la société française. Nous résumons ici ce projet dans ses grandes lignes :

Les Français sont divisés en deux classes : les gentilshommes et les citoyens, tous d'ailleurs égaux devant la loi.

Les nobles seuls sont admis à occuper les emplois publics ; seuls ils peuvent être électeurs politiques, avoir un port d'armes, etc.

Le service militaire est la source la plus abondante de la noblesse ; les différents grades de l'armée correspondent aux titres nobiliaires ; tout soldat est gentilhomme, les sous-lieutenants, lieutenants et capitaines sont barons, les officiers supérieurs sont comtes et les généraux marquis.

Les fonctions civiles donnent pareillement lieu à des titres de noblesse : c'est ainsi que les membres de l'Institut peuvent devenir barons ou vicomtes.

Le fisc tire parti de l'établissement de la noblesse en faisant payer un droit variable suivant le grade depuis 10 francs pour les chevaliers jusqu'à 10.000 francs pour les ducs.

Tel est le régime, manifestement contraire aux idées démocratiques de la société contemporaine, que le général Noizet trouve philosophique, moral, politique et praticable. C'est, dit M. Alfred Maury, « un véritable rêve politique qui rappelle, sous une forme moins hardie, les utopies célèbres de Platon, de Thomas Morus et de Campanella ».

*La Philosophie synthésiste* du commandant Charles Richard [1] n'appartient à aucun des systèmes connus. Elle est, en quelque sorte, la synthèse de tous les systèmes philosophiques, de là son nom. C'est, d'après la définition même de l'auteur, la science des lois de la raison et de leur application à l'établissement des trois points fondamentaux de la connaissance, savoir : le critère des jugements, la conception générale du monde, la règle de conduite capable de rallier la majorité des esprits.

Le critère de la vérité réside pour lui dans la proposition impérative qui s'impose à la raison,

[1] Charles RICHARD, *la Philosophie synthésiste*. 1 vol. in-12. Paris, Didier, 1875.

soit spontanément, soit par le moyen d'une démonstration, soit à l'aide d'une constatation,
comme cela arrive pour les axiomes, les théorèmes ou les faits certains. La foi ne procure
que les illusions de la certitude, la conviction
partage ces illusions et la simple croyance ne
les comporte pas. En dehors de l'impératif, la
raison ne rencontre que l'antinomie ou le postulat. L'antinomie est une proposition qui peut
être défendue ou combattue par des arguments
d'égale valeur dont aucun ne s'impose à la raison. Elle a pour cause la variabilité de nos sentiments, l'incertitude de nos raisonnements ou
notre impuissance rationnelle vis-à-vis de certains points de la connaissance. Toute l'activité
intellectuelle et physique de l'homme est em-
ployée à produire des antinomies et à chercher
à les résoudre. Sa raison les agite et, après bien
des controverses, après des luttes plus ou
moins longues, elle les rejette ou les élève au
rang de *postulats*, c'est-à-dire de proposition
généralement admise comme à la suite d'une
lente sélection à travers les âges, sans qu'on
puisse en donner aucune démonstration rigoureuse. La raison humaine ne cesse de rechercher
les impératifs pour s'y soumettre dès qu'elle les a
découverts et, parallèlement, elle travaille cons-

tamment, par la résolution des antinomies, à réaliser les postulats dont le caractère essentiel est de réclamer incessamment leur mise en pratique par des institutions conformes à leur but. Telle est, d'après Ch. Richard, la loi de l'histoire, loi qui peut être exprimée par la formule suivante : « Les postulats et les impératifs que « comporte chaque catégorie de rapports déter-« minent les événements qui doivent amener « leur réalisation; » elle est l'expression la plus fidèle de nos destinées. En véritable mathématicien, il applique cette loi aussi bien à l'avenir qu'au passé et, par une sorte de méthode d'interpolation, il en déduit sans hésiter la prévision des événements.

Sa conception du monde est celle d'un Dieu coéternel avec l'univers, le gouvernant par des lois et dont la personnification est purement idéale. Cette conception lui semble n'être en opposition avec aucune vérité impérative et elle permet de conserver les sentiments mystiques qui consolent et embellissent la vie. L'univers entier, selon lui, ne procède que de trois éléments : un seul corps, l'éther; une seule force, la vibration moléculaire; une seule intelligence, Dieu.

Sa règle de conduite consiste à faire appel à

la conscience pour apprécier la valeur des actes,
valeur qui réside dans l'intention seule ; la
bonté étant à ses yeux synonyme de moralité, et
la méchanceté d'immoralité. Il recommande
par-dessus tout la bienveillance et l'indulgence,
et il proclame l'humilité comme le dernier mot
de la sagesse.

Charles Richard a revendiqué hautement le
titre de philosophe. En faisant de la philosophie
un exposé d'impératifs qui s'enchaîneraient les
uns les autres, il a prétendu l'élever à la hauteur
d'une science véritablement parfaite. Lorsqu'on
veut juger d'un système philosophique, il n'y a,
dit-il, qu'une méthode : c'est de voir si l'on peut
en faire la synthèse, c'est-à-dire le réduire à sa
dernière expression. Il a appliqué cette méthode
à tous les systèmes anciens, et il a fait voir que
ces systèmes n'étaient la plupart du temps que
le produit d'une ivresse spéculative, que tout ce
qu'ils avaient de viable s'était condensé dans
les systèmes contemporains sur lesquels sur-
nagent seuls le *criticisme* et le *positivisme*.
Le système de Kant, d'après lequel tout n'est
qu'illusion, se trouve ainsi réduit par le simple
bon sens à n'être plus lui-même qu'une illusion ; quant au positivisme, c'est une méthode et
non pas une doctrine ; les doctrines matéria-

listes se réfutent victorieusement, tandis que le spiritualisme et l'immortalité de l'âme ne peuvent être combattus impérativement et notre besoin d'idéal justifie l'utilité et la nécessité d'une religion avec un culte extérieur.

Le philosophe synthésiste a voulu appliquer aussi à la politique sa loi des évolutions qui se résume dans les triomphes successifs des postulats nécessaires, et qui n'est autre que la grande loi de sélection qui gouverne la nature entière. Partant de ce postulat que l'autorité doit être exercée par le plus digne, il en a conclu que le système électif était la condition inévitable de tout gouvernement, qu'il entraînait la compétence de l'élu et toute une organisation politique. Le droit que l'homme a de vivre en travaillant lui a servi de même à démontrer la nécessité d'une série d'institutions basées sur l'association. Mais il s'est borné à laisser entrevoir comment les législations, les religions, la morale, toutes les catégories de rapports examinées à l'aide de sa méthode pouvaient conduire à révéler les secrets de l'avenir qui les attend. Il n'a fait qu'affirmer que les destinées générales de l'homme, malgré son libre arbitre, sont réglées par des lois aussi inflexibles que celles qui

régissent le cours des astres, et que les pertur-
bations sociales, étant transitoires, ne peuvent
jamais compromettre le résultat final.

Les principes de contrat social fondé sur la
justice et le droit du commandant Richard sont
manifestement empruntés au fouriérisme. De ce
que Fourier avait dit : « Les attractions sont
proportionnelles aux destinées, » il a dit à sa
manière : « Quand tous les éléments d'un système aspirent incessamment vers le même but,
ce but est nécessairement atteint ; ou bien encore :
si, au lieu d'être des concurrents aveugles, nous
étions des associés intelligents, tout antagonisme disparaîtrait. » Il a cherché, comme le
fondateur de la commune sociétaire, la solution
du problème social « dans l'organisation progressive et sans secousse des communes asso-
ciées sur le pied des trois éléments producteurs :
le capital, le travail et le talent ». Enfin, à
l'exemple du maître qui excellait dans l'art de
dresser des tableaux représentant les différentes
phases de la vie, il a représenté la destinée
humaine par un tableau d'où il a tiré, pour le
philosophe et l'homme d'État qui essayent de
prévoir les événements humains, des considérations importantes concernant l'intérêt général,
la production, la circulation, la liberté, la soli-

darité dans l'avenir[1]. Cependant, tout en adoptant les principes phalanstériens, il s'est laissé conduire sous l'influence d'Enfantin, dont il était devenu l'ami intime et qui lui a dédié son dernier ouvrage, *la Vie éternelle*, à des idées fort différentes. C'est ainsi qu'envisageant la force et la profondeur du mal qui existe dans le monde, il juge ce mal nécessaire, mais il l'attribue à l'extrême jeunesse de l'humanité, et il en attend le remède d'un progrès naturel très lent qui exigera un long développement de siècles. Il se range parmi les partisans de Saint-Simon quand il considère les événements produits par la liberté, dans leurs écarts, « comme oscillant simplement autour d'une direction moyenne qui représente précisément la loi de

[1] Voici ce tableau :

DESTINÉE HUMAINE

| | |
|---|---|
| But de l'homme............ | Le bonheur. |
| Voie qui y mène............ | L'association. |
| Forme qu'il revêt.......... | L'unité. |

| ORDRE DE DÉVELOPPEMENT | MODE D'ACTIVITÉ | BUTS PARTIELS |
|---|---|---|
| *Physique*............ | Production.<br>Circulation.<br>Consommation. | Bien-être. |
| *Intellectuel*.......... | Recherche.<br>Connaissance.<br>Application. | Vérité. |
| *Moral*................ | Liberté.<br>Solidarité.<br>Idéalité. | Perfectibilité. |

ces mouvements », et quand il affirme hautement que cette loi est une ascension indéfinie
vers la vérité absolue, c'est-à-dire vers Dieu
même. De ce mouvement continu, quoique inégal,
il donne d'ailleurs la preuve dans quelques
pages très belles de son livre : *les Lois de Dieu et
l'Esprit moderne*[1]. En sa qualité de mathématicien,
il le montre représenté par une courbe, non par
une épicycloïde comme Vico, ni par une spirale
comme Guépin, mais par une parabole dont
l'asymptote située à l'infini, incessamment ap-
prochée sans jamais être atteinte, représente la
vérité ou Dieu toujours invisible. « Supposez,
« dit-il, une branche ascendante d'une immense
« parabole qui monte sans cesse vers une asymp-
« tote située à l'infini ; sur cette asymptote
« placez la vérité absolue, Dieu lui-même ; ima-
« ginez en outre une trajectoire qui suit en rico-
« chant cette branche de parallèle et dont les
« ricochets, en diminuant d'amplitude avec le
« temps finissent par permettre de la con-
« fondre avec celle-ci ; vous obtiendrez ainsi une
« image du mouvement de l'esprit humain ; les
« ondulations de la trajectoire en représenteront
« exactement les phases d'élévation et d'abais-

[1] Un vol. in-12. Paris, Pagnerre, 1862.

« sement, de splendeur et d'éclipse qui ont
« dérouté tant de penseurs, et la direction in-
« flexible de la parabole en garantira la marche
« continue et certaine vers le but infini que
« cette courbe poursuit elle-même. »

Sa morale n'est pas très sévère. N'accordant
à tous les traités de morale qu'une valeur purement spéculative et fort peu pratique, il estime
que le seul moyen de décider l'homme à réaliser plus de bien et à éviter plus de mal, c'est de
simplifier pour lui la morale et de le placer
dans des conditions où la pratique en soit plus
facile. « L'homme, dit-il, n'ayant qu'un mobile,
« le bonheur, une bonne éducation morale doit
« avoir pour objet de développer son égoïsme
« bienfaisant et de combattre son égoïsme
« nuisible ; rendre l'homme heureux est le
« dernier mot de la vraie morale. » C'est, au
fond, la doctrine de d'Holbach.

*La Philosophie synthésiste* est écrite avec une
légèreté d'allure, un style naturel et piquant
qui ne laisse pas d'amuser le lecteur. Charles
Richard considérait que, « l'homme ayant une
tendance invincible à repousser tout ce qu'on
lui présente avec un goût d'amertume, » l'écrivain qui veut livrer une idée à l'opinion publique doit s'attacher à lui donner une forme

agréable. Les spéculations philosophiques, sous
la forme « indigeste » qu'on leur donne habi-
tuellement, lui paraissant inabordables aux
esprits ordinaires, il s'est plu à revêtir ses idées
d'une forme attrayante, même plaisante, dont
ce passage peut donner une idée : « La métaphysique ressemble, dit-il, à la vase des marais,
dans laquelle on enfonce si l'on appuie trop ;
il est prudent, pour la traverser, de se faire
aussi léger que possible. » Aussi lui a-t-on
reproché d'aborder les sujets les plus graves, le
rire au bout de la plume. M. Renouvier, sans
blâmer toutefois ses traits d'humour, le trouve
trop léger pour les philosophes et trop philosophe pour les gens légers, et pense qu'il s'est
fait illusion en croyant s'attirer plus de lecteurs par sa méthode de dire les choses d'une
manière agréable. Le profond criticiste a analysé l'ouvrage de son camarade dans *la Critique
philosophique*[1] et ne lui a trouvé rien qui fût
plus synthésiste qu'un autre. C'est, dit-il, « la
peur de ressembler aux plus illustres constructeurs de synthèses, tels que Spinoza, qui l'a empêché de réduire ses vues à un seul système ».
Il énumère une suite de points sur lesquels

1 N° 22, du 1er juillet 1875.

ses opinions doivent être combattues : l'erreur
consistant à objecter aux sceptiques qu'ils se
contredisent en affirmant une doctrine, car ils
n'en affirment aucune, l'erreur sur la doctrine
et le prétendu scepticisme de Kant, l'erreur sur
la définition de l'*en-soi* et du *noumène*, l'erreur
sur les impératifs. Il critique la doctrine qui
considère l'*harmonie sociale* comme un effet
nécessaire de l'ensemble de nos passions. Il
réprouve quelques-uns des principes de morale
utilitaire et altruiste, auxquels il reproche de
manquer de règle rationnelle et de principe de
justice. Il n'en faut pas moins reconnaître que
l'auteur de *la Philosophie synthésiste* a su présenter ses idées avec un véritable attrait et les
relever par une exquise critique. Son livre,
dont il se dégage un parfum de tolérance, de
bon vouloir et d'idéal divin, aboutit à recomman-
der l'humilité telle que Socrate la comprenait,
comme la plus grande hauteur philosophique
à laquelle un homme puisse atteindre. « Tout
esprit élevé, » déclare Charles Richard, « en son-
geant aux sottises qu'il a faites et à celles qu'il
lui reste encore à faire, malgré son désir de les
éviter, ne peut manquer d'arriver à cette humilité. »

Dans son livre sur la philosophie des sciences, M. de Freycinet convie ses camarades, ingénieurs et géomètres, « à mener de front les progrès de la science et de la philosophie ». Ceux qui possédaient une connaissance complète de toutes les branches des sciences physiques et chimiques n'avaient point attendu cet appel pour se lancer dans quelqu'une de ces entreprises hardies d'explication générale du monde, si sévèrement jugées par Auguste Comte, « même lorsqu'elles sont dues aux intelligences les plus éminentes ». Des ingénieurs du plus grand mérite, ne voulant pas se contenter d'établir les relations qui existent entre les phénomènes du même ordre, de résumer les principes communs à ceux d'ordre différent, ont éprouvé le besoin de les relier tous entre eux et à un principe universel. Maîtres des merveilleuses théories mathématiques récentes, ils ont appliqué la puissance du calcul aux hypothèses nouvelles introduites dans la science, dans l'espoir de rattacher toutes les actions physiques et chimiques à l'attraction universelle, en assimilant les corps, avec leurs particules moléculaires, à des systèmes planétaires microscopiques, ou même d'expliquer par une cause unique tous les phénomènes de la nature.

Le baron Bertrand de Boucheporn [1], ingénieur des Mines et mathématicien hors ligne, avait été frappé de bonne heure de la nécessité d'établir un lien commun entre les diverses parties des sciences physiques et chimiques. Ayant remarqué qu'en cherchant à étendre la loi newtonienne aux phénomènes, dans lesquels l'action de la matière s'exerce à des distances infiniment petites, les faits étaient en désaccord complet avec les déductions de l'hypothèse, il en avait conclu que l'attraction astronomique n'était qu'un effet, non une cause, et qu'elle ne pouvait être un principe général. Il eut alors l'idée d'adopter l'hypothèse inverse de celle de Newton, celle où les corps célestes

---

[1] Né en 1812, mort à Bordeaux en 1857. Il était le petit-fils d'un conseiller au parlement de Metz, le fils d'un intendant de la généralité de Pau et de Bayonne qui fut décapité à Toulouse sous la Terreur.

Il avait été admis à l'École polytechnique en 1830.

agiraient l'un sur l'autre, non par une attraction, mais par une pression. Cette pression s'expliquait par les déplacements de l'éther, le fluide universellement répandu dont l'existence venait d'être admise par la plupart des savants, déplacements donnant naissance à des chocs qui se transmettent de la surface au centre des corps, en raison inverse du carré des rayons, sans laisser passer dans l'intérieur les mouvements vibratoires rapides du fluide. L'étude des propriétés des corps se trouvait ainsi ramenée à celle d'une action extérieure, toute de surface, exercée par un fluide en mouvement sur des atomes de volume ou par des atomes en mouvement sur le fluide au repos. Conduit dès lors à des considérations d'une géométrie plus simple que celle de Newton, il parvint à démontrer, par le secours de l'analyse mathématique, les lois principales de l'astronomie, de la physique et de la chimie.

L'ouvrage dans lequel il faisait connaître ses travaux parut en 1853 sous ce titre : *Du Principe de la philosophie naturelle* [1]. Il est divisé en quatre livres : le premier renferme les principes généraux servant de base au système entier et

---

[1] *Du Principe de la Philosophie naturelle*, par Bertrand DE BOUCHEPORN. Paris, Carilian-Gœury, 1853, 1 vol. in-8°.

desquels dépend plus particulièrement le phénomène de la gravitation. Le second est consacré aux faits astronomiques dans leur rapport avec ce nouveau point de vue et à l'exposé des lois qui sont propres au système et qui doivent en assurer la démonstration. Le troisième et le quatrième, étendant la considération du mouvement et de la forme des atomes aux lois de la physique et de la chimie, achèvent de démontrer le caractère du principe universel qui s'attache à l'intervention de l'éther.

De Boucheporn établit dans le premier livre que, sous l'apparence d'une induction géométrique absolue et générale, indépendante de toute supposition, Newton a cependant adopté une hypothèse particulière conduisant à une propriété inexpliquée de la matière, tandis qu'il était possible d'en imaginer une autre ayant ses lois propres et ses moyens de vérification, c'està-dire les moyens de cesser d'être une hypothèse et présentant le précieux avantage de n'attribuer à la matière aucune propriété nouvelle. Il montre qu'il y a dans le système de Newton deux parties fort distinctes : l'une claire, précise, incontestable, déduite géométriquement, celle qui se rapporte aux mouvements généraux des grands corps, l'autre ingénieuse,

brillante, mais qui n'est pas une conséquence
irrécusable des faits et qui dérive d'une simple
hypothèse, celle de l'attraction moléculaire. Ce
système, d'après lui, n'est donc point toute la
vérité. Sans doute, la conception newtonienne,
dit-il, explique avec justesse, rigueur et fécondité
les mouvements astronomiques ; mais dans les
questions qui se rattachent de près ou de loin
au principe de l'attraction moléculaire, tel que
l'avait conçu Newton, il ne trouve plus cette
rigoureuse précision, en quelque sorte cette
divination des faits. C'est surtout dans le domaine
de la physique moléculaire et de la chimie que
l'insuffisance de l'attraction newtonienne lui
apparaît avec évidence, puisqu'elle ne peut
s'appliquer à la fois à la pesanteur, à la cohésion, à l'affinité chimique dont les lois sont
pourtant claires et précises. Au contraire, tout lui
paraît se tenir, le principe et les lois qui en sont
déduites, dans le système qu'il fonde, lui, sur un
fait astronomique encore inconnu au temps de
Newton, le mouvement propre du soleil, en s'appuyant sur les recherches de la physique
moderne qui ont démontré l'existence de l'éther
et conduit à la théorie des ondes lumineuses.

Sa théorie de l'éther donne l'explication des
mouvements généraux des corps célestes, de

leur rotation et de son influence, soit sur la
figure de ces corps, soit sur l'intensité de leur
attraction, des harmonies du système plané-
taire et des lois astronomiques qui lui sont
propres. Sans attribuer à la matière de propriété nouvelle, elle résout de la façon la plus
simple, à l'aide des principes élémentaires de la
mécanique, lés questions fondamentales de la
physique et de la chimie. Elle montre comment
se produit la lumière du soleil, comment s'opère
géométriquement la division en sept couleurs
principales, ce qui cause la réflexion, la réfrac-
tion, la polarisation et tous les phénomènes lumineux. Elle rend compte de la production de la
chaleur, des trois états des corps, de la tempéra-
ture, de la dilatation et de tous les phénomènes
calorifiques. Elle s'applique enfin aisément à
toutes les actions électriques et magnétiques,
ainsi qu'à l'affinité chimique, à la cristallisation
et à toutes les lois de la combinaison des atomes.

L'ouvrage, rempli d'aperçus et de rapprochements ingénieux, est, à vrai dire, « plutôt un
ensemble de notes imparfaites qu'un travail
achevé[1] ». On y trouve une démonstration de
la variation périodique de la pesanteur en un

---

[1] J. Tissot, *Essai de Philosophie naturelle.*

même lieu de la terre, conséquence de ses calculs qui avait frappé si vivement l'auteur qu'à son lit de mort il y songeait encore et que, serrant la main de son camarade, l'éminent ingénieur Surrell, il lui disait : « Mon ami, souviens-toi, la pesanteur varie. » On y trouve encore une nouvelle théorie des marées, une digression sur l'acoustique et sur l'harmonie musicale, une explication des phénomènes de capillarité. Des études poursuivies, mais non encore-vérifiables par l'observation, sur les atomes des corps il résulte l'induction timidement présentée que ces atomes ont des formes angulaires, qu'ils s'attirent mutuellement par leurs angles, qu'ils n'ont de quantité d'inertie ou de quantité matérielle que proportionnellement à l'espace qu'ils occupent, que, conséquemment, l'essence de la matière est une et absolue.

J. Tissot[1], l'un des élèves de de Boucheporn[2], a repris la tentative « prématurée et infructueuse » de faire rentrer tous les problèmes de la nature inorganique dans le domaine des véri-

[1] Jules Tissot, né en 1838, entra à l'École polytechnique en 1855, et sortit dans le service des Mines.

[2] De Boucheporn a laissé plusieurs autres élèves, entre autres : l'astronome Babinet, qui a continué ses travaux ; M. Marcfoy, ancien trésorier-payeur général de Bordeaux, qui poursuit ses expériences sur la variation de la pesanteur.

tés mathématiques. En s'appuyant sur les recherches d'un autre ingénieur, M. Kretz, concernant les propriétés de l'éther [1], et en s'aidant des travaux thermodynamiques de Hirn, il n'a pas craint d'aborder l'explication générale du mécanisme de l'univers animé et inanimé. L'ouvrage dans lequel il se proposait de publier le résultat de dix-sept années d'études sur ces graves questions philosophiques devait comprendre trois parties : la première s'occuperait des généralités relatives aux agents naturels, la seconde traiterait spécialement de l'évolution inorganique, la troisième enfin étudierait l'évolution organique et l'évolution psychique. Le premier volume seul a été publié, sous ce titre : *Essai de Philosophie naturelle* [2]. Nous allons essayer d'exposer sommairement les idées qui y sont exposées sur la constitution de la matière et sur la constitution des êtres organisés.

La matière est composée d'atomes polyédriques, distants les uns des autres et animés de mouvements de rotation extrêmement rapides. L'éther est le milieu impondérable, universel, au

---

[1] *Matière et Éther*, par Kretz. Paris, 1875, in-16.
[2] J. Tissot, *Essai de Philosophie naturelle*. Constantine, 1870, 1 vol. in-8°.

milieu duquel sont immergés les atomes pondérables qui constituent les corps de la nature.
A l'état libre, dans les espaces interstellaires,
l'éther est formé d'atomes sphériques égaux, en
contact, comme les boulets mis en pile, et animés de mouvements de rotation dont rien ne
limite la vitesse ; il constitue un système absolument infini, incompressible et indéformable,
mais comportant cependant un certain jeu, une
énergie propre des atomes, ce qui fait qu'il se
tend ou se détend dans tous les sens. Associé à
la matière pondérable, l'éther est dans un état
plus ou moins troublé. Autour de chaque atome
pondérable, il existe une première atmosphère
d'éther raréfié et déformé par suite du mouvement de rotation, et une seconde atmosphère
raréfiée, déterminée par la première, grâce au
petit jeu des atomes d'éther, et la raccordant au
milieu général. Les atomes pondérables ou
éthérés n'ont d'autre propriété que celle de
l'inertie et de l'impénétrabilité. Ils ne diffèrent
que par leur forme et leurs dimensions, les
atomes matériels ayant des dimensions considérables par rapport aux atomes d'éther. Dans
les interstices des petites sphères d'éther circule
le fluide calorifique formé, lui, d'atomes qui ne
sont pas incompressibles et dont le rôle est de

transmettre avec une vitesse très grande le mouvement vibratoire des radiations.

En appliquant les théorèmes de la mécanique rationnelle à l'ensemble de ces conditions, J. Tissot est parvenu à rendre compte de l'attraction newtonienne, des attractions moléculaires, de la radiation, des propriétés physiques et chimiques des corps, des plus récentes découvertes de la science, en un mot de tous les phénomènes de l'univers inorganique. Il a voulu aller plus loin et expliquer aussi les faits de la nature vivante. « Pour ceux-là, nous dit-il, qui échappent complètement aux lois de la mécanique, du moins dans leurs caractères propres et essentiels, il faut admettre l'existence d'une substance spéciale, l'*esprit*, fluide universel dont la réunion avec la matière donne lieu aux phénomènes de l'ordre animé et à laquelle il attribue une qualité fondamentale, la faculté de connaître et de vouloir, comme l'inertie a été attribuée à la matière. » Il nous présente alors les êtres organisés comme formés d'individus psychiques élémentaires, de la même manière que les corps inorganiques sont formés d'atomes. Chacun de ces individus est un ensemble formé d'un tourbillon matériel et d'un tourbillon de fluide universel non matérialisé, le premier étant dans des conditions spéciales qui lui ont permis d'entraîner le second. La portion d'esprit ainsi entraînée et individualisée est le point de départ des manifestations psychiques où se trouvent réunies la passivité dans la réception ou la connaissance et la liberté dans la réaction. Elle constitue, avec le mouvement qui a servi à son individualisation, l'âme du germe ; elle se développe avec lui. La forme de ces tourbillons a pu être déterminée par le calcul ; Tissot a trouvé que le tourbillon matériel était un fragment de *cylindre* impénétrable et que le tourbillon spirituel était un *tors* proprement dit et complet.

L'esprit ne peut se manifester à nos sens qu'associé à la matière pondérable. Quand il y a séparation du tourbillon psychique d'avec le tourbillon matériel, il y a mort. Le tourbillon psychique, ou âme, ne peut subsister après la mort qu'à l'état de tourbillon spirituel, c'est-à-dire absolument immatériel, avec l'intensité qu'il avait au moment de la séparation, d'où il résulte que les âmes individuelles sont nécessairement immortelles. Les âmes ne peuvent plus agir sur la matière ni pondérable, ni impondérable, elles échappent par conséquent à nos sens. Il est cependant possible d'admettre qu'elles font, à chaque individu, un cortège approprié à sa nature bonne ou mauvaise ; ainsi pourraient s'expliquer les inspirations, l'action de la grâce, les bons et les mauvais anges. A la fin de l'évolution complète des mondes, les éléments psychiques se réuniront, les âmes seront reconstituées, les bonnes se sépareront naturellement des méchantes, parce que leurs mouvements ne sont pas en harmonie.

En résumé, l'esprit et la matière ne sont ni l'un ni l'autre des principes premiers. Il n'y a qu'un principe premier, qui est la substance ou l'être universel, l'*Un-Tout*, comme l'appelle Tissot, fluide parfait, indéfini, continu, incompressible, dans le sein duquel la matière et l'esprit se développent tous les deux comme de simples modalités, de simples modes de mouvement en vertu du principe de la conservation des forces vives. Les individualités de l'ordre inanimé se constituent en employant une certaine quantité de mouvement matériel. Les individualités de l'ordre animé ne peuvent se constituer qu'en employant une certaine quantité de mouvement psychique qui représente une quantité donnée de force vive. La façon dont l'esprit agit sur la matière est, à la vérité, encore inconnue, mais il n'y a aucune impossibilité mécanique à concevoir cette action.

La deuxième partie de l'ouvrage n'a pas été publiée. Elle devait traiter des divers aspects sous lesquels on peut envisager le mécanisme universel, savoir : les mécanismes stellaire, géologique et cosmique, et la manière dont ces divers mécanismes partiels s'associent pour produire l'évolution inorganique. Les parties les plus saillantes de ce travail annoncées dans la préface devaient consister dans la démonstration des propositions suivantes : l'univers s'échauffe au lieu de se refroidir ; à la limite, cet échauffement produira une explosion ou révolution cosmique qui engendrera de nouveau l'état nébuleux, et ce dernier sera le point de départ d'une nouvelle évolution cosmique. Au lieu de s'enfoncer graduellement dans une éternité morte et glacée, comme le prétendent les théories cosmogoniques en honneur aujourd'hui, la terre présentera des conditions de plus en plus favorables au développement et au perfectionnement de la vie. De cette partie, l'auteur a publié simplement une table analytique à la fin du premier volume.

La troisième partie n'a été qu'annoncée. Elle devait envisager spécialement l'évolution organique qui s'enchevêtre dans l'univers matériel avec l'évolution inorganique et, en outre, l'évolution psychique qui s'effectue parallèlement dans l'*Un-Tout*. L'auteur se proposait d'examiner l'évolution organique, spécialement à chacun des trois points de vue, biologique, psychologique et sociologique, et de montrer comment, dans l'évolution psychique, on doit concevoir en dehors de nous les idées, l'âme et la divinité elle-même. Il se réservait de faire ressortir de tous les faits et de toutes les inductions possibles la certitude : 1° que l'humanité tend vers des états de plus en plus parfaits, qui seront caractérisés par un empire de plus en plus grand sur la nature ; 2° que la nécessité des principes de charité et de solidarité, conditions des sociétés, s'imposera comme une vérité scientifique ; 3° que l'état-limite vers lequel tend l'humanité est incontestablement une démocratie universelle ; 4° que les religions, œuvres humaines ayant présidé jusqu'ici à l'évolution de l'humanité, doivent faire place à la religion de la vérité essentiellement divine, quant à son origine, religion dont l'heure lui paraissait venue.

Il est intéressant de remarquer que les deux tentatives philosophiques que nous venons d'exposer, l'une timide, l'autre plus téméraire, ont puisé toutes les deux leur inspiration première dans les travaux d'Élie de Beaumont,

« qui poussait résolument la géologie dans
la phase géométrique. » De Boucheporn, en
suivant sur une mappemonde les principales
lignes tracées par les soulèvements les plus
remarquables, était arrivé à restituer plusieurs
inclinaisons différentes du globe terrestre cau-
sées par des inclinaisons subites avec des
comètes et correspondant à diverses époques de
notre monde, et il avait expliqué par là les
grands accidents climatériques qui nous sont
révélés par les débris fossiles. A la fin du livre
publié par lui sur ces premiers travaux [1],
on lit ce regret exprimé avec modestie :
« Pourquoi Cuvier n'est-il pas là ?... Il eût vu,
« avec intérêt, je pense, l'éveil de ces nouvelles
« idées que j'apporte, de ces nouvelles lois
« naturelles, instruments inespérés dont la géo-
« logie systématique vient armer l'intelligence
« des naturalistes par l'étude des vieux âges de
« la terre. » C'est en méditant ces lois pour y
chercher la clef des révolutions du globe qu'il
crut découvrir le principe, la cause unique,
qui, à ses yeux, régit tous les phénomènes de
la nature. Tissot a attribué expressément ses recherches philosophiques aux impressions qu'il

[1] *Études sur l'histoire de la terre et sur les causes des révolutions de sa surface*, par Bertrand DE BOUCHEPORN. Paris, 1884.

avait gardées du cours de physique, magistrale-
ment professé à l'École polytechnique par de
Sénarmont, et qui se trouvèrent développées et
fortifiées à l'École des Mines. En travaillant
plus tard à la carte géologique de la province de
Constantine, il acquit la conviction profonde
que la nature inorganique est uniquement constituée par de la matière et du mouvement, et
c'est ainsi qu'il fut conduit à représenter l'univers avec tous les êtres animés, libres, qu'il
renferme comme un ensemble matériel infini
soumis aux théorèmes de la mécanique rationnelle, dans un état d'équilibre naturel et normal
dont il ne sortira jamais.

La théorie consistant à rattacher tous les phénomènes inorganiques à une cause unique
n'ôte rien au spiritualisme serein que professait
de Boucheporn. Il était convaincu que l'idée lui
en avait été envoyée d'en haut, comme une inspiration. « Toute idée vient de Dieu, » disait-il,
« il y a pour les sciences aussi une inspiration,
et il en est de l'inspiration scientifique comme
de celle qui anime les poètes, comme de la mé-
lodie en musique, c'est le ciel qui l'envoie [1]. »
Le système dynamique de Tissot, étendu à la

---

[1] *Discours de réception à l'Académie de Bordeaux.*

nature entière, peu différent au fond de celui de Spinoza, est essentiellement panthéiste. Il l'a déclaré lui-même : « Les théories matérialistes « applicables à l'origine première de l'évolution « nous rappellent d'*où nous venons ;* les théories spiritualistes applicables à la fin de l'évolution nous montrent *où nous allons ;* c'est au panthéisme seul qu'il faut demander *où nous sommes.* Il pensait échapper toutefois aux reproches adressés aux systèmes panthéistes antérieurs,en ce que le sien réunit les avantages que présente le spiritualisme sous le point de vue psychologique et moral aux avantages que présente le matérialisme au point de vue des sciences physiques proprement dites. Vainement les savants, auprès de qui ce genre de spéculation n'a jamais été en faveur, et principalement ceux avec qui lui se trouvait en relation, firent-ils tous leurs efforts pour essayer de le détourner de ses études ; il les poursuivit avec une constance opiniâtre, laissant dire ceux qui traitaient sa manière de voir de pure fantaisie. Mais il repoussait énergiquement l'imputation de matérialiste. « Ne serait-il pas étrange en effet, disait-il, d'accuser de matérialisme celui qui est parvenu à établir des conséquences comme celles-ci : la force vive totale de la matière pondérable est négligeable devant celle de l'éther, — les forces développées dans les actions moléculaires de la matière pondérable sont colossales au point de vue des unités auxquelles l'homme est habitué, — un pur esprit. incapable par lui-même de produire la moindre fraction de kilogrammètre, pourrait cependant, s'il le voulait, bouleverser en un instant l'univers tout entier, — conséquences bien propres à faire comprendre à l'homme sa petitesse devant les infinis matériels et dynamiques de l'univers. »

C'est en méditant sur les questions mathématiques que des polytechniciens savants ont été amenés à s'occuper de philosophie. Ils s'y sont voués avec passion et ils y ont réussi souvent mieux que les philosophes.

M. Renouvier, le philosophe le plus rigoureux et le plus profond de notre temps, le fondateur du criticisme français, a été conduit ainsi à une méthode philosophique qui présente un caractère de rigueur toute géométrique. Cette méthode, rejetant les thèses métaphysiques et transcendantes relatives à la réalité de l'espace et du temps, à l'éternité du monde et des phénomènes, le déterminisme absolu, les antinomies kantiennes, et y substituant l'idéalité, la relativité, la liberté, comme explication générale des choses, peut se condenser dans une formule : « Tout ce qui est ou a été est nombre ; un nombre plus grand que tout nombre assignable.

n'est pas un nombre, c'est une contradiction. »
Il l'a appliquée à résoudre le problème de
la synthèse totale des phénomènes, à refuter
l'idée d'une science intégrale et absolue, capable
de ramener à l'unité les faits que lui fournit
l'expérience, à exclure tout noumène, à combattre l'idée d'une loi, d'un progrès fatal et
continu et, tout en admettant l'immortalité, à
repousser celle d'un Dieu infini, tel que le
comprennent les chrétiens.

Son premier ouvrage sur la philosophie
moderne [1], dans lequel il s'est efforcé de concilier
tous les systèmes, sans prendre parti pour aucun, bientôt suivi d'un second sur la philosophie ancienne [2], forme une histoire presque
complète de la philosophie où les doctrines sont
exposées parallèlement avec l'état correspondant des sciences à chaque époque. Ses *Essais
de critique générale* [3] peuvent être regardés
comme le livre le plus sérieux et le plus original du siècle. Dans la *Science de la morale*, le
livre incontestablement le plus remarquable qui
ait jamais été écrit sur la matière, il a posé plus
judicieusement qu'aucun autre le problème de

[1] *Manuel de Philosophie moderne*, paru en 1841.
[2] *Manuel de Philosophie ancienne*.
[3] Publiés en quatre parties successivement, de 1854 à 1864.

la morale véritablement humaine. Continuateur
et rénovateur du criticisme de Kant, adversaire
résolu du positivisme et de la philosophie
anglaise, repoussant le transformisme comme
la moins scientifique des théories, reprenant
sous une forme plus savante la doctrine indivi-
dualiste du xviiiᵉ siècle, « il a eu, dit M. Henri
Michel[1], au plus haut degré le sentiment de la
crise actuelle. Il combat l'idée fausse de na-
tionalité naturelle en lui opposant l'idée d'État,
celle de la société prise comme un être réel, en
la montrant une pure fiction contraire à la
morale ; celle d'amour et de charité, en lui
substituant l'idée de justice. Il défend la propriété individuelle, qu'il considère comme la
meilleure garantie de la liberté, mais pour
mettre un obstacle infranchissable aux accumu-
lations des individus; il recommande comme
moyen rationnel et légitime, quoique inaccep-
table en pratique, l'impôt progressif. C'est le
penseur qui a répandu les idées les plus fécondes
pour l'ordre social et le progrès.

Jules Lecuyer[2] a mis tout à profit, rapporte
M. Renouvier, son ami : les entretiens, les

---

[1] Henri MICHEL, *l'Idée de l'État.* Paris, Hachette. 1895.

[2] Jules LECUYER, admis à l'École polytechnique en 1834, sorti
dans le service de l'État-Major, mort en 1862.

longues conversations de l'amitié, les observations et l'expérience et jusqu'aux épreuves de la vie pour l'élucidation du problème de la liberté humaine qu'il regardait comme le premier, presque l'unique de la science et de la pratique. Confiné pendant trente ans dans la solitude, en se débattant contre les nécessités de l'existence, sous l'étreinte d'obligations qu'il ne pouvait remplir, il s'est livré jusqu'à sa mort à l'étude et à la méditation. Groupant autour d'une pensée maîtresse, d'une foi active, d'une croyance inébranlable, toutes les parties de la philosophie et de la morale, « il pensait paraître un jour « revêtu devant tous de la même force et de la « même autorité qu'il se sentait dans sa cons- « cience et porter dans l'esprit humain un de « ces coups et de ces ébranlements qu'il est « quelquefois donné au génie et à l'ardeur des « convictions de produire [1] ». Mais des circonstances fatales, le trouble apporté un instant dans ses facultés par l'excès du travail et des veilles, par un effort de concentration au-dessus des forces humaines, une mort douloureusement imprévue, l'empêchèrent de finir et de publier le grand ouvrage qui eût honoré son

---

[1] RENOUVIER, articles sur la *Critique philosophique*, auxquels nous avons fait de larges emprunts.

nom et fait avancer la science. Heureusement,
des amis pieux qui avaient reçu ses confidences,
qui l'avaient entendu développer ses souvenirs
et ses impressions, tinrent à honneur de faire
imprimer après sa mort toute la partie suffi-
samment élaborée de ses manuscrits afin de lui
assurer des titres devant la postérité. Leur pieuse
reconnaissance nous a conservé le plan de l'ouvrage complet qu'il se proposait de publier
sous ce titre : *la Recherche d'une première vérité*,
et qui eût présenté un caractère unique par
l'importance du sujet, le plus vaste de tous, philosophique, à la fois vivant et même dramatique par l'immensité des développements et
des applications, par la profondeur de la pensée,
l'ardeur de la conviction et la perfection du
style. L'ouvrage devait se diviser en huit
livres. Le livre premier, *le Problème de la
science*, bien qu'inachevé, remarquable par une
merveilleuse analyse, donne une idée précise du
système de philosophie de l'auteur. Le huitième
livre, où se trouvent le poème d'*Abel et Abel* et
*Cantique à la conscience*, montre les résultats
des efforts qu'il a faits pour concilier la philosophie avec la doctrine chrétienne. Des autres
livres, il ne s'est presque rien retrouvé. Des
fragments débattent la question du *libre ar-*

*bitre* et des *futurs contingents* dans leur rapport avec la prescience divine. Sur ce redoutable problème, Lecuyer pensait que le dernier mot n'avait pas encore été dit ; les plus grands philosophes avec leurs tâtonnements, leurs contradictions avérées, à l'exception d'Aristote seul, lui semblaient en avoir parlé comme des enfants[1]. Toutes les parties de l'ouvrage dénotent un admirable talent d'écrivain et se recommandent par un style d'une beauté et d'une précision achevées[2].

Les amis de ce rare penseur admiraient son énergie morale, sa puissance de raisonnement, sa mémoire merveilleuse, l'intensité de ses efforts sur lui-même. Ils le regardaient comme un maître et comme un génie. M. Renouvier le reconnaît comme son premier initiateur, comme celui auquel il est redevable d'une partie essentielle de sa foi et de ses travaux philosophiques. « C'est lui, dit-il, qui m'a fait com-

[1] *Préface de l'éditeur.* Une des thèses les plus intéressantes de ce livre, celle de savoir si le déterminisme absolu implique logiquement le doute universel en matière spéculative, a été discutée depuis par M. A. Fouillée, M. Secrétan et par M. Renouvier.

[2] Quelques-unes des plus belles pages, notamment le fragment intitulé : *la Feuille de Charmille*, ont été reproduites par M. Renouvier dans le tome II de *la Psychologie rationnelle.*

« prendre l'idée de liberté dans toute son inté-
« grité, c'est lui qui a fait tomber un certain
« jour l'écaille de mes yeux, qui m'a montré la
« faiblesse des doctrines dont j'étais l'adhérent
« même involontaire et m'a appris ce que c'est
« que liberté, ce que c'est que certitude, et
« qu'un agent moral est tenu de se faire mora-
« lement des convictions touchant des vérités
« dont les premiers penseurs rationalistes ont
« la mauvaise habitude de mettre la preuve
« sur le compte de l'évidence ou de la nécessité.
« Tous ceux qui l'ont approché et qui l'ont vu,
« toujours tiraillé entre la science et la foi, en
« proie à une sorte de vertige mental auquel il
« a fini par succomber, le proclamaient un
« nouveau Pascal tout fait de géométrie et de
« passion [1]. »

Hippolyte Delaperche[2], l'auteur d'un *Essai de philosophie analytique*[3], d'une abstraction continue, se rattache à Descartes et surtout à Berkeley par sa conception toute mathématique et mécanique du monde physique. Il conçoit les

[1] C'est ce puissant penseur, cet écrivain accompli, que le duc de Broglie a voulu présenter « comme un être éclairé des plus pâles rayons de l'intelligence », à la distribution des prix de vertu en 1864.

[2] DELAPERCHE (Hippolyte), admis à l'École en 1834 et sorti avec le n° 1.

[3] In-8°, Paris, Didier, 1872.

êtres des trois règnes de la nature comme des systèmes de points géométriques assujettis à une loi de mouvement et, par des calculs d'algèbre, il explique la production des sensations, l'action du corps sur l'âme, la réaction de l'âme sur le corps, la formation des sentiments et des idées, la réalité du libre arbitre. Admettant un esprit initial créateur, il montre comment se forment les esprits élémentaires, les esprits spéciaux et leurs séries distinctes divergentes, les existences qui sont des états mentaux élémentaires successifs et les différents modes d'existence. Admirablement servi par ses connaissances mathématiques, il vous conduit de déductions en déductions à une théorie sur la destination du monde qui tranche vivement avec les systèmes optimistes accoutumés. C'est la première fois que l'hypothèse d'un monde matériel et d'un monde intellectuel convergent vers la périodicité absolue se trouve appliquée à la conception anthropologique de la divinité.

L'emploi des mathématiques, l'abus même des notations algébriques employées comme symboles littéraux pour abréger les énoncés, qui rendent extrêmement difficile la lecture de son livre, ne doivent pourtant pas, au jugement de M. Renouvier, le laisser confondre avec les

esprits faux qui prétendent appliquer l'algèbre
aux sciences non quantitatives. La terminologie,
les notations adoptées, qui contribuent à rebuter
un grand nombre de lecteurs sans apporter plus
de clarté que les définitions verbales et les
développements en la forme ordinaire, n'y
viennent que pour obtenir l'exactitude et la
précision et pour rendre les équivoques absolument impossibles. Malgré des déductions hardies, cet ouvrage, essentiellement idéaliste et
immatérialiste, est rempli de pensées originales
et atteste les tendances les plus justes et l'esprit
le plus élevé. C'est, à vrai dire, sous un titre
modeste, dit M. Renouvier, « le premier traité
« sérieux d'ontologie et de psychologie ration-
« nelle que la France voit paraître depuis Ma-
« lebranche [1] ».

Moisson-Desroches [2], esprit actif, chercheur et
fécond, chaque jour à la poursuite de quelque
idée nouvelle, avait laissé de nombreux écrits
philosophiques et théologiques qui ont été per-
dus, dispersés et brûlés pendant l'insurrection de
1871 [3]. On n'a retrouvé de lui que *le Concilian-*

---

[1] RENOUVIER, *Critique philosophique* (1re année).

[2] MOISSON-DESROCHES, ingénieur des Mines, de la promotion 1804,
né en 1785, mort à Paris en 1865.

[3] On retrouverait peut-être dans les archives du Ministère de

*tisme* [1], sorte de système religieux qui, reliant la mort à la vie par l'amour procréateur, le mal au bien par le progrès, le matérialisme au vitalisme par la vitalité moléculaire, arrive à concilier toutes choses. La première partie de l'ouvrage, *le Providentialisme*, établit logiquement les rapports entre l'homme et Dieu ; la seconde explique les phénomènes de la nature par l'activité moléculaire ; la troisième, *l'Harmonisme*, expose les moyens d'association propres à la production et à la consommation des richesses, et conclut « que la douce et vivifiante paix régnera de plus en plus entre nous sur tous les globes merveilleusement coordonnés, qui doivent être un véritable enfer dans notre fougueuse enfance, un bien triste purgatoire dans notre adolescence actuelle bien moins turbulente, et qui, à mesure que nous nous développons dans nos métamorphoses ultérieures, nous offriront des paradis de plus en plus délicieux ».

Les couplets satyriques, dans lesquels il a voulu retracer l'image de l'existence mondaine,

la Guerre son curieux mémoire adressé en 1814 à l'Empereur sur la possibilité d'abréger les distances en sillonnant l'Empire de sept grandes voies ferrées qui partiraient de Paris pour aboutir à Gand, à Mayence, à Gênes, à Bordeaux, à Boulogne et à Calais.

[1] Imprimé à Caen, en octobre 1833.

couplets sauvés du pillage par la piété de sa fille[1], sont tout ce qui nous reste de ce philosophe doux et tranquille, à la plume élégante et facile.

Surell[2] s'est senti invinciblement attiré vers les études philosophiques. « Dès l'École polytechnique, rapporte M. Noblemaire[3], pendant une longue maladie, il s'était donné pour compagnon de chevet Jansénius, Arnaud, Nicole, Pascal. A l'École des Ponts et Chaussées, il avait ébauché une traduction de Kant. Ces études lui ont procuré d'inépuisables jouissances jusque dans les dernières années de sa vie. » Les manuscrits qu'il a laissés auraient pu faire, paraît-il, la matière de dix volumes ; mais il défendit de les imprimer et, sur sa recommandation, ils ont été brûlés après sa mort. Une brochure a cependant été publiée, *la Cause première* ; c'est un chapitre détaché d'une philosophie puissante sur la *Causalité*. Ses conseils à son fils, auquel il dit : « Garde-toi du pessimisme, qui est une

[1] Nous devons à l'obligeante communication de sa pièce. les couplets de la chanson *les Bals du Cercle*.

[2] Surell, ingénieur des Ponts et Chaussées, né à Bitche, le 18 avril 1813, mort à Versailles, le 11 janvier 1887, entra à l'École en 1846.

Auteur de très remarquables *Mémoires* sur la navigation du Rhône, sur les chemins de fer, d'un ouvrage sur *les Torrents des Alpes*, œuvre classique et parfaite.

[3] Noblemaire, *Notice biographique sur Alexandre Surell.*

erreur et une maladie ; du matérialisme, du positivisme à la mode, qui croit tout trancher avec la force et la matière, dont personne ne sait au juste ce qu'elles sont ; cultive cette aspiration qui pousse l'univers vers le mieux, qui nous tourmente nous-mêmes d'un désir de perfection et d'extension d'être allant jusqu'à l'infini, » ces conseils, disons-nous, peuvent donner une idée de l'élévation des pensées et de la beauté du style de cet homme éminent, qui se passionnait à la fois pour l'art, pour la poésie, pour toutes les beautés de la nature !

Barré de Saint-Venant [1], en cherchant à élucider les questions relatives à la constitution des atomes, à la nature probable des dernières particules des corps, à l'existence des masses continues, s'est trouvé amené à considérer comment la liberté morale pouvait se concilier avec le déterminisme scientifique, et il a conclu, de l'étude des trois lois de la mécanique relatives à la conservation de l'énergie, que l'accord des lois physiques avec la liberté de l'action de l'esprit sur la matière pouvait être pleinement et scientifiquement sauvegardé [2].

[1] BARRÉ DE SAINT-VENANT, ingénieur des Mines, membre de l'Académie des Sciences, né en 1797, mort en 1886, est entré à l'École en 1813.

[2] *Note à l'Académie des Sciences*, du 5 mars 1877.

M. Jouffret [1], sentant toute l'importance philosophique que prend aujourd'hui le théorème
de la conservation de l'énergie par la généralité
que lui donnent les résultats acquis par la science,
a expliqué en quoi consiste le déterminisme
mécanique étendu aux êtres vivants et comment
il se concilie avec les exigences de la vie et de
la liberté, satisfaisant à la fois aux exigences du
moraliste et aux principes du mathématicien. La
permanence des lois qui régissent aujourd'hui
l'univers physique, où, pour le savant officier
d'Artillerie, la matière et l'énergie possèdent une
existence objective et sont les facteurs de tous
les autres phénomènes, lui a montré l'état définitif d'équilibre stable vers lequel converge cet
« univers, réuni en une seule masse qui, après
« avoir tourné bien longtemps sur elle-même,
« finira par devenir immobile relativement à
« l'espace environnant, mais désormais homo-
« gène, insensible, immuable, dont rien ne trou-
« blera plus l'effrayant repos [2] ».

Bien avant M. de Freycinet, M. Léchalas [3] a

---

[1] JOUFFRET, colonel d'Artillerie, entré à l'École en 1856.

[2] *Introduction à la théorie de l'énergie*, par JOUFFRET. Paris, Gauthier-Villars, 1883.

[3] LÉCHALAS, ingénieur des Ponts et Chaussées, de la promotion 1839.

demandé à la géométrie générale et à la mécanique ce qu'elles peuvent nous enseigner au
sujet de l'espace, du temps, du continu, de
l'infini, de la résolution du problème des mondes
semblables et de la réversibilité de l'univers [1].
Les plus graves questions, telles que la connaissance du monde extérieur, les rapports de la
musique, de la poésie et de la peinture, l'activité
de la matière, l'emploi de l'hypothèse dans les
sciences, les principes de la nature exposés par
M. Renouvier, ont fait l'objet de ses études
philosophiques [2].

Après Cauchy, après Duhamel, M. Poincaré
poursuit aujourd'hui ses études profondes et
d'une haute originalité sur les fondements de
la géométrie et de la mécanique, sur toutes
les hypothèses qualifiées de *postulats*, sur l'origine de notre concept de l'espace à deux et à
trois dimensions, et surtout sur le procédé de
raisonnement, condensant en une seule formule
un nombre infini de syllogismes, qui donne
aux sciences mathématiques leur supériorité
logique sur les sciences philosophiques.

<hr>

[1] *Étude sur l'espace et le temps*, par LÉCBALAS. Paris,
Alcan, 1896.

[2] Voir les *Annales de Philosophie chrétienne* de 1894, la *Cri
tique philosophique* de 1887, la *Revue philosophique* de 1892.

Enfin M. Georges Sorel [1], l'auteur du *Procès de Socrate*, essaye d'introduire, dans ses savantes études de sociologie, les calculs, les formules, les courbes représentatives, maniant avec prudence les méthodes délicates des mathématiques dont il sait les dangers, et se tenant dans le pur domaine du subjectivisme, afin d'arriver à interpréter les faits économiques et sociaux, à les synthétiser d'une manière presque analogue aux phénomènes physiques [2].

[1] Georges SOREL, ingénieur des Ponts et Chaussées, de la promotion 1865.

[2] Voir particulièrement dans *le Devenir social* ses articles sur la philosophie de Proudhon, sur Vico, sur l'éducation, sur l'esthétique et, en particulier, ceux sur la loi des revenus (février 1897).

# CONCLUSION

Ainsi l'étude des mathématiques n'est pas contraire au développement parallèle de toutes les facultés. Elle ne nuit en rien à la liberté, à la vivacité, à la variété de l'esprit littéraire ; elle lui offre au contraire les ressources les plus utiles. Elle apprend à observer, à déduire, à conclure et, par conséquent, à penser. Elle inspire l'amour des vérités abstraites et la passion des recherches scientifiques qui affinent l'intelligence et qui peuvent faire naître le sens esthétique. Elle développe enfin par excellence cet esprit scientifique « critique, toujours présent de nos actions et « de nos idées, l'ennemi des habitudes où « s'émoussent les énergies... dont l'un des carac- « tères est de n'admettre pas *a priori* que les « choses ont droit d'être comme elles sont, ni « qu'elles doivent être, du jour au lendemain, « bouleversées de fond en comble [1] », et qu'il

[1] Ernest LAVISSE, *Discours à l'inauguration de l'Université de Paris*, 1896.

faudrait s'attacher à répandre tous les jours davantage.

L'enseignement des hautes abstractions des sciences mathématiques et physiques, qui révèle aux imaginations avides et bien préparées les grandes lois auxquelles le monde obéit, procure la culture générale la plus élevée. Il oblige à passer devant le tableau noir un temps qui n'est pas perdu, « car on y acquiert une idée nette des instruments de précision de l'esprit[1] ». Il met en possession d'une méthode de raisonnement propre à préserver plus tard des divagations, des affirmations hâtives, des négations brutales, des opinions absolues. Complété par une appréciation convenable de la philosophie mathématiques, a dit Auguste Comte, il est la vraie préparation des études sociales. A ceux qui l'accusent d'entraîner les intelligences dans les chimères et les utopies, n'est-il pas piquant d'opposer le jugement porté par Frédéric Bastiat sur l'enseignement classique universitaire, au moment où les doctrines socialistes faisaient leur apparition? « L'abus du grec et du latin, » disait-il, « a perverti le jugement et la moralité du pays en élevant les générations dans un pur conventiona-

---

[1] Ernest HAVET aux élèves de l'École polytechnique.

lisme où l'on admire comme des vertus ce qui, en Grèce et à Rome, était le résultat de la plus dure et de la plus immorale des nécessités. » Et l'éminent économiste, tenant pour les sciences, affirmait « qu'elles préparent des jeunes gens « bien supérieurs, par la force de l'intelligence, « la sûreté du jugement, l'aptitude à la pratique « de la vie, aux affreux *petits rhéteurs* que l'Uni- « versité ou le clergé saturent de doctrines aussi « fausses que surannées[1] ».

On reproche à l'éducation scientifique de l'École polytechnique d'avoir égaré ses élèves dans le saint-simonisme et le fouriérisme ! Il est vrai qu'ils y ont joué un rôle considérable, qu'ils leur ont fourni les chefs, les principaux apôtres et la plupart des missionnaires. Mais comment n'auraient-ils pas été attirés par des doctrines d'un caractère éminemment syn-thétique, qui parlaient aux cœurs et frap-paient les imaginations. Pleins des souvenirs de la Révolution française, l'esprit ouvert aux sentiments humanitaires, bercés par les illu-sions généreuses de la jeunesse, ils ont été séduits par une formule claire et attrayante : « A « chacun selon sa capacité, à chaque capacité

---

[1] F. BASTIAT, *Baccalauréat et Socialisme*. Brochure, Paris, 1850.

« selon ses œuvres, » par l'idée d'une organisation sociale fondée sur l'association du capital et
du talent, d'une manière conforme à la liberté et
qui promettait le bonheur à la terre. Utopistes !
à-t-on dit, mais utopistes [1] que l'avenir, servi
par l'audace même des innovations, s'est chargé
de défendre ! Car on reconnaît à présent que ces
apôtres, ces prosélytes qui, par la plume ou par
la parole, ont répandu, les doctrines de leurs
maîtres avec une étonnante chaleur de cœur,
avec une énergie de conviction, ont donné, en
abordant les problèmes d'industrie, de progrès
matériel, d'expansion internationale, un immense essor au mouvement industriel qui caractérise le XIX<sup>e</sup> siècle. Ces hommes de science,
ayant puisé dans les notions de combinaison, de
synthèse, d'énergie, le sentiment de l'association et de la solidarité morale, ont été les pre-

[1] Nul n'a mieux défini les véritables utopistes que l'illustre
mathématicien Lamé : « Des esprits impatients qui, dédaignant
le travail pénible d'accumulation, de coordination des faits, se
contentent de la connaissance imparfaite d'un petit nombre,
cherchent une hypothèse qui rende compte de ces faits parti-
culiers et croient tenir le principe général. Ces utopistes
prennent dans les recherches des autres ce qui leur convient
et font servir tous ces emprunts mal digérés, mal compris,
mal coordonnés, à construire une fausse doctrine que les progrès naturels de la vraie science ne tardent pas à réduire à
néant. »

miers à réclamer l'affranchissement du prolétaire, l'émancipation de la femme, à chercher le
remède au paupérisme, à tenter le rapproche-
ment des riches, des oisifs, des instruits avec
les misérables, les opprimés, les ignorants. Ces
professeurs, ces ingénieurs, ces officiers, qui, dès
1816, ouvrirent des cours du soir à Paris et dans
la plupart des grandes villes, les fondateurs de
l'association polytechnique destinée à propager,
dans la population laborieuse, la connaissance
des premiers éléments des sciences positives, ont
été les pionniers de l'enseignement populaire.
Ils ont mis en commun leurs ressources, leur dévouement, leur savoir pour répandre l'instruction
dont ils comprenaient l'influence bienfaisante
au point de vue moral, politique et industriel,
pour le développement de la société moderne.
Ils ont montré d'une façon triomphante à quel
degré de lumière, de prospérité et de bonheur
pourrait arriver notre pays, une fois qu'il serait
muni des instruments d'un puissant outillage
et qu'il serait conduit par un gouvernement
ayant une conscience claire et réfléchie de sa
tâche. Ils ont indiqué les réformes à faire pour
arrêter le désordre apporté dans les rapports
industriels par l'hostilité des intérêts, dans les
rapports intellectuels par la divergence des opi-

nions, dans les rapports moraux par la désunion
des cœurs. Honneur à ces polytechniciens d'il y a
soixante ans, qui ont travaillé à concilier les intérêts économiques, à faire converger les croyances,
à adoucir les rapports des classes, à désarmer
les méfiances et les colères, à préparer les con-
quêtes pacifiques futures ! Honneur à eux, qui
ont poursuivi par des méthodes scientifiques la
solution des problèmes capitaux constituant ce
qu'on appelle aujourd'hui la « question sociale »,
qui ont préparé le mouvement général, parti de
la France, d'où il sortira un degré de perfection
de la civilisation inconnu des siècles antérieurs et la transformation de l'Humanité !

FIN

# TABLE DES MATIÈRES

## PREMIÈRE PARTIE

## DEUXIÈME PARTIE



Tours. — Imp. Deslis Frères, rue Gambetta, 6.